Recent Results in Cancer Research

Fortschritte der Krebsforschung

Progrès dans les recherches sur le cancer

I

Edited by

M. Allgöwer, Chur · K. H. Bauer, Heidelberg · F. Bergel, London · I. Berenblum, Rehovoth · J. Bernard, Paris · W. Bernhard, Villejuif · N. N. Blokhin, Moskva H. E. Bock, Tübingen · P. Bucalossi, Milano · A. V. Chaklin, Moskva · M. Chorazy, Gliwice · G. J. Cunningham, London · W. Dameshek, Boston · M. Dargent, Lyon G. Della Porta, Milano · P. Denoix, Villejuif · R. Dulbecco, San Diego · R. Eker, Oslo · P. Grabar, Paris · H. Hamperl, Bonn · R. J. C. Harris, London · E. Hecker, Heidelberg · R. Herbeuval, Nancy · W. C. Hueper, Bethesda · H. Isliker, Lausanne D. A. Karnofsky, New York · J. Kieler, København · G. Klein, Stockholm G. Martz, Zürich · G. Mathé, Paris · O. Mühlbock, Amsterdam · G. T. Pack, New York · L. Sachs, Rehovoth · E. A. Saxén, Helsinki · H. Tagnon, Bruxelles · A. Tissières, Genève · E. Uehlinger, Zürich · T. Yoshida, Tokyo · L. A. Zilber, Moskva

Editor in chief

P. Rentchnick, Genève

Springer-Verlag Berlin Heidelberg New York 1965

R. Schindler

Die tierische Zelle
in Zellkultur

Mit 7 Abbildungen

Springer-Verlag Berlin Heidelberg New York 1965

*Dr. R. Schindler, Institut Suisse de recherches expérimentales sur le Cancer,
Lausanne/Schweiz*

ISBN 978-3-642-86383-7   ISBN 978-3-642-86382-0 (eBook)
DOI 10.1007/978-3-642-86382-0

Inhaltsverzeichnis

Verwendete Abkürzungen:

DNS   Desoxyribonucleinsäure

RNS   Ribonucleinsäure

FUDR   5-Fluoruracil-2'-desoxyribosid

BUDR   5-Bromuracil-2'-desoxyribosid

Herrn Prof. W. Wilbrandt, Herrn Prof. H. Cottier und Herrn Dr. V. Bonifas
bin ich für ihre wohlwollende Kritik und für viele wertvolle Anregungen zu
großem Dank verpflichtet. Die neueren der im Text erwähnten eigenen experimentellen Arbeiten wurden ermöglicht dank der seit 1959 erfolgten großzügigen Unterstützung durch den schweizerischen Nationalfonds zur Förderung der
wissenschaftlichen Forschung.

R. Schindler

1. Einleitung

Die ersten erfolgreichen Versuche zur Züchtung tierischer Zellen außerhalb des Organismus reichen zurück in den Beginn unseres Jahrhunderts. 1907 gelang HARRISON durch Explantation von Gewebsstücken aus Froschembryonen der Nachweis, daß in der Embryonalentwicklung die Neuriten als Fortsätze der Nervenzelle ohne Beteiligung anderer Zellen gebildet werden, und daß damit eine spezifische celluläre Funktion auch außerhalb des Gesamtorganismus zu beobachten ist [310, 311]. Außerdem konnte CARREL 1912 zeigen, daß es bei Verwendung einer geeigneten Nährlösung und deren regelmäßiger Erneuerung möglich ist, Kulturen tierischer Gewebe beliebig lange im Zustand aktiver Proliferation und Zellvermehrung zu erhalten [76]. Die Methodik CARRELS war derjenigen von HARRISON recht ähnlich: in beiden Fällen wurden die Kulturen durch Einbettung eines kleinen Gewebsstückes in ein Gel — im einen Fall bestehend aus einer Mischung von Blutplasma und Embryoextrakt, im anderen aus Froschlymphe — hergestellt. In der Zielsetzung jedoch unterscheiden sich die beschriebenen Versuche voneinander in grundsätzlicher Weise. HARRISON ging es um die Untersuchung einer spezifischen Funktion unter Bedingungen in vitro, während CARRELS Bemühungen auf die unbeschränkte Fortsetzung der Zellvermehrung außerhalb des Gesamtorganismus ausgerichtet waren.

Es zeigte sich schon bald, daß im allgemeinen Zellfunktion und Zellvermehrung in vitro gewissermaßen antagonistische Prozesse darstellen. Nach Explantation eines Gewebsstückes in einem Plasma-Gel läßt sich nämlich nach kurzer Zeit eine zunehmende Desorganisation, vor allem an den Rändern des Gewebsstückes, durch Zellauswanderung und Zellteilung beobachten [520]. Mit dem Verlust der spezifischen Struktur geht dann meist auch ein Verlust der typischen Zellfunktionen einher. Die Methodik kann nun einerseits die Untersuchung der Funktion zum Ziele haben und wird dann nach Möglichkeit die Desorganisation durch Zellauswanderung und Zellvermehrung zu vermeiden und die Ausbildung oder Beibehaltung spezifischer Strukturen zu fördern suchen, im Bestreben, kleine Fragmente von Geweben in einem Zustand zu erhalten, der demjenigen in vivo möglichst ähnlich ist. Diese Zielsetzung hat zur Methodik der Organkultur geführt, die vor allem durch STRANGEWAYS und FELL entwickelt worden ist. Die Organkultur stellt in erster Linie eine morphologische Arbeitsrichtung dar. Ihre bedeutendsten Anwendungen liegen in der Bearbeitung von Fragestellungen der Embryologie und Morphogenese [217], wobei unter geeigneten Bedingungen ein organisiertes Wachstum von embryonalen Organen beobachtet werden kann; weiterhin werden in der Endokrinologie auch Kulturen postembryonaler Organe verwendet, und ebenfalls für die morphologische Analyse der Effekte von Wirkstoffen, wie Hormonen, Vitaminen und Carcinogenen, sind Organkulturen mit Erfolg herangezogen worden. Von FELL stammt eine schöne Übersicht über die verschiedenen Möglichkeiten dieser Methodik [218], während die neueren Entwicklungen auf diesem Gebiet kürzlich in einem Symposium zur Sprache gekommen sind [120]. Es liegt in der Natur der Organkulturen, daß sie sich nur über eine beschränkte, wenn auch in gewissen Fällen recht lange, mehrere Monate umfassende Zeitdauer erstrecken können.

Im Gegensatz zu den Organkulturen steht die andere Arbeitsrichtung, die direkt aus Carrels Zielsetzung hervorgegangen ist. Bereits Carrels Arbeiten haben gezeigt, daß bei fortgesetzter Kultur in vitro der für den Gesamtorganismus typische Charakter der Gewebe und Organe als organisierter Zellverbände verloren geht, und daß die tierische Zelle unter diesen Bedingungen gewissermaßen zum selbständigen Mikroorganismus ohne Alterserscheinungen werden kann [185]. Die von Carrel benützte Technik ist während nahezu 40 Jahren ziemlich unverändert beibehalten worden. Erst um das Jahr 1950 ist es dann, vor allem dank den Anstrengungen von Earle u. Mitarb., gelungen, die experimentellen Möglichkeiten weiter zu entwickeln, so daß die bisher vorwiegend qualitativen Methoden der Zellkultur nun auch für quantitative Untersuchungen Anwendung finden konnten. Durch die Einführung dieser neuen Methoden ist aus der „Gewebskultur" Carrels endgültig die heutige „Zellkultur" geworden, in der im allgemeinen eine zeitlich unbegrenzte exponentielle Zellvermehrung und eine möglichst einheitliche Zellpopulation angestrebt wird, und die dadurch in hervorragender Weise für das Studium der tierischen Zelle als eines biologischen Individuums geeignet ist [543].

Die Arbeiten von Eagle und seiner Gruppe über die Nährbedürfnisse von Zellkulturen haben seither die Grundlagen für reproduzierbare biochemische Untersuchungen geschaffen, während durch Puck u. Mitarb. die Methoden für genetische Fragestellungen an somatischen Zellen entwickelt worden sind. Die Methoden der Zellkultur haben sich dadurch in mancher Hinsicht denjenigen der Mikrobiologie angenähert. Alle diese Fortschritte haben dazu geführt, daß Zellkulturen als wichtiges Versuchsobjekt in einer großen Zahl von Arbeitsrichtungen der experimentellen Medizin und Biologie Eingang gefunden und dabei auch grundlegende neue Erkenntnisse ermöglicht haben. Da bereits eine Reihe ausgezeichneter Monographien existiert, die sich in erster Linie mit der Methodik der Zellkultur befassen [509, 518, 527, 743], sollen in der vorliegenden Arbeit vor allem das Verhalten und die Reaktionen tierischer Zellen unter den Kulturbedingungen zur Darstellung kommen, wie sie aus der jüngeren Entwicklung dieser Methodik hervorgegangen und in einer knapperen Zusammenfassung teilweise bereits vor zwei Jahren besprochen worden sind [621]. Außerdem beschränkt sich diese Übersicht im wesentlichen auf Zellkulturen, da die vorwiegend morphologischen Fragestellungen der Organkulturen einem völlig andersartigen Problemkreis angehören. Im weiteren werden in erster Linie die Kulturen von Säuger- bzw. Warmblüterzellen besprochen werden; denn obschon auch die Kultur von pflanzlichen Zellen und Geweben eingehend bearbeitet worden ist [565, 664, 743], haben sich die beiden Methoden weitgehend unabhängig voneinander entwickelt. Zellkulturen von niederen Tieren und Insekten [366, 751] haben anderseits geringeres Interesse gefunden als solche von Warmblütern. Schließlich ist zu sagen, daß die vorliegende Zusammenfassung keinen Anspruch auf Vollständigkeit erheben will. Vielmehr ist versucht worden, vor allem den bedeutenderen Ergebnissen Rechnung zu tragen, was naturgemäß die Möglichkeit einer gewissen Subjektivität in der Auswahl und damit einer Überbetonung eigener Arbeitsrichtungen in sich schließt. Für eine ausführliche Übersicht über die ältere Literatur sei im übrigen auf die Bibliographie von Murray und Kopech [486] verwiesen.

2. Methodische Grundlagen

Die Methode des Plasma-Gels. CARREL stellte seine Kulturen durch Einbettung eines kleinen Gewebsstückes in ein Gel aus Blutplasma und Embryoextrakt her. Darüber wurde als Nährlösung eine Mischung von Serum, Embryoextrakt und physiologischer Salzlösung gegeben und in regelmäßigen Zeitabständen erneuert. Aus dem Gewebsstück wandert unter solchen Bedingungen eine große Zahl von Zellen in das umliegende Gel aus, und in der geräumigeren Umgebung beginnen sich dann gewisse Zelltypen zu vermehren, so daß nach einiger Zeit Teile des durch Zellauswanderung und Zellvermehrung größer gewordenen Gewebsstückes in ein neues Plasma-Gel überpflanzt werden können. Die offensichtlichen Nachteile dieser Methodik sind bereits von EARLES Gruppe im Zusammenhang mit den Bemühungen zur Einführung von Verbesserungen formuliert worden [209]: die Herstellung des Plasma-Gels ist technisch schwierig; dazu wird häufig das Gel trübe oder verflüssigt sich im Laufe der Inkubation; die quantitative Erfassung des Wachstums der Kultur sowie die Unterscheidung zwischen Zellvermehrung und Zellauswanderung ist nur bedingt möglich; die Zellen können ferner von dem halbfesten Kulturmedium nicht abgetrennt werden, und da dieses Medium chemisch völlig undefiniert ist, wird die Brauchbarkeit solcher Kulturen in mancher Hinsicht außerordentlich eingeschränkt. Anderseits ist zu betonen, daß diese Kritik an der Methode des Plasma-Gels für deren Anwendung in der Organkultur in wesentlich geringerem Maße gerechtfertigt ist, indem diese Technik in vielen Fällen eine Erhaltung der spezifischen Struktur des Gewebs- oder Organstücks zu gewährleisten hilft.

„Monolayer"-Kulturen. Die Grundlage für die Ausarbeitung quantitativer Methoden in der Zellkultur ist mit der Einführung flüssiger Kulturmedien durch EARLE gelegt worden. Die aus dieser Neuerung hervorgegangenen, heute zur Verfügung stehenden methodischen Möglichkeiten sollen in diesem Abschnitt als Grundlage zum Verständnis der nachfolgenden kurz besprochen werden. Für technische Einzelheiten sei auf die bereits erwähnten Monographien [509, 518, 527, 743] sowie auf einige gedrängtere Darstellungen der Zellkultur-Methodik [299, 404] verwiesen.

Zuerst gelang es EARLES Arbeitsgruppe, mit Hilfe einer Cellophan-Matrix Kulturen herzustellen, in denen sich die Zellen am Cellophan und an der Glasoberfläche des Kulturgefäßes ausbreiteten und sich dabei in direktem Kontakt mit der flüssigen Nährlösung befanden [209]. Bald darauf zeigte es sich dann, daß bei Verwendung von Suspensionen von Einzelzellen als Inoculum keine Cellophan-Matrix nötig ist [635]. Auf diese Weise entstanden die sogenannten „Monolayer"-Kulturen, in denen die Zellen, überdeckt von der Nährlösung, an der Glasoberfläche des Kulturgefäßes haften und sich durch Vermehrung auf der verfügbaren Fläche bis zur Bildung einer zusammenhängenden Zellschicht ausbreiten. Die Bildung einer mehrere Zellen dikken Schicht wird bei vielen Zelltypen durch die sogenannte „Kontakt-Inhibition" verhindert [3]. Darunter versteht man eine Einschränkung der Beweglichkeit der Zellen bei gegenseitiger Berührung, welche bewirkt, daß keine Fortbewegung in Richtung auf die Nachbarzelle und damit über diese hinweg erfolgt.

Die Herstellung von Zellsuspensionen aus Monolayer-Kulturen für die Übertragung in neue Kulturgefäße geschah zuerst durch mechanisches Ablösen [636], doch wurde dafür bald die Verwendung von Trypsin eingeführt, welches sich auch bei der Herstellung von Zellsuspensionen aus Geweben und Organen für das Ansetzen von Primärkulturen in vielen Fällen bewährt hat [*142, 434, 482, 760*]. An Stelle von Trypsin haben auch andere proteolytische Fermente Verwendung gefunden [*275*]. Daneben werden oft Chelierungsmittel, vor allem Versen, für das Loslösen der Zellen von der Glasoberfläche benützt [*167*]. Dies weist darauf hin, daß offenbar neben Proteinen auch zweiwertige Kationen für das Festhaften der Zellen am Glas von Bedeutung sind. Chelierungsmittel ebenso wie Trypsin sind jedoch für die Zellen nicht immer harmlos [*189, 318, 402, 685*]. Die Verwendung von Zellsuspensionen eröffnete die Möglichkeit, für vergleichende Versuche beliebig viele Kulturen mit identischem Inoculum anzusetzen [*210*].

Das Verhalten von Primärkulturen und die Entwicklung permanenter Zellstämme. Die Inkubation einer Suspension von Zellen, erhalten durch Dispersion eines intakten Gewebes oder Organs in einer entsprechenden Nährlösung, führt meist nicht ohne weiteres zu einer Zellkultur mit fortgesetzter exponentieller Zellvermehrung. In vielen Fällen, so zum Beispiel bei den in der Virologie häufig benützten Kulturen von Nierenzellen, finden nämlich nur einige wenige Zellteilungen statt, darauf bleibt die Kultur während einiger Zeit stationär und geht dann allmählich zugrunde. Bei anderen Zelltypen, zum Beispiel bei der Kultur embryonaler Zellen, kommt es dagegen meist erst nach mehreren Monaten fortgesetzter Zellvermehrung zu einem solchen Stillstand des Wachstums [*314*]. Dies führt allerdings nicht immer zum Untergang der Kultur, sondern oft läßt sich im Anschluß an die stationäre Phase beobachten, daß vereinzelte Zellen der Kultur sich wiederum zu vermehren beginnen, und unter Überwuchern der übrigen Zellen tritt darauf die Kultur in ein exponentielles Wachstum ein, wobei die vermehrungsfähigen Zellen oft gegenüber der ursprünglichen Population deutliche Unterschiede aufweisen [*83, 85, 313, 510, 707, 741*]. Die Vermehrung geht nun nach einer solchen „Transformation" bei entsprechend häufiger Übertragung der Kultur unbegrenzt weiter, und die Kultur ist damit zu einem sogenannten permanenten Zellstamm („established cell line") geworden. Die Wahrscheinlichkeit der Entstehung permanenter Zellstämme hängt in hohem Grade von der Species ab, aus welcher die betreffenden Zellen stammen; so lassen sich aus Kulturen menschlicher Zellen nur in seltenen Fällen permanente Zellstämme erhalten, während dies bei Zellkulturen aus Mäusen nahezu regelmäßig gelingt [*314, 707, 710*]. Aus Gründen der Vergleichbarkeit haben einige solche Zellstämme weltweite Verbreitung gefunden, so vor allem EARLEs L-Stamm [*174*], hervorgegangen aus Bindegewebe einer C3H-Maus, sowie der HeLa-Zellstamm [*247, 248, 573, 614*], entstanden aus einem menschlichen Cervical-Carcinom. Daneben ist eine große Zahl weiterer Zellstämme aus den verschiedensten normalen und neoplastischen Geweben entwickelt worden (Beispiele: [*46, 84, 153, 231*]).

Suspensions-Kulturen und „steady state"-Kulturen. Im Wachstum der Monolayer-Kultur folgt im allgemeinen nach der Übertragung in ein neues Kulturgefäß zuerst eine Latenzperiode, darauf eine Periode exponentieller Zellvermehrung, die schließlich in eine stationäre Phase übergeht, worauf die Zellpopulation nach entsprechender Verdünnung wiederum in neue Kulturgefäße übertragen werden muß. Im Bestreben, diese stationären Phasen vor und nach der exponentiellen Wachstumsperiode zu vermeiden und die Kulturen ständig in der exponentiellen Wachstumsphase zu halten, wurden in Analogie zu den Kulturen von Mikroorganismen die Suspensionskulturen entwickelt. In diesen wird das flüssige Kulturmedium entweder durch Rotation der Kulturgläser [*181, 261, 642*] oder durch eine Rühr- oder Schütteleinrichtung [*108, 176, 177, 460*] ständig in Bewegung gehalten und damit ein Anhaften der Zellen an der Wand der Kulturgefäße verhindert. Daneben sind einige Zellstämme beschrieben worden, deren Zellen selbst in stationären Kulturen nicht an der Glasoberfläche festhaften [*223, 510, 630*] und die dadurch für Routine-Untersuchungen besonders geeignet sind [*611, 659*]. Suspensionskulturen bieten die Möglichkeit, die Zellvermehrung durch Entnahme von Proben aus ein und derselben Kultur fortlaufend zu verfolgen; außerdem tritt bei Übertragung in neue Kulturgefäße an Stelle der Trypsin-Behandlung mit der oft damit verbundenen Zellschädigung [*189, 318, 402*] eine einfache Verdünnung der Kultur mit frischer Nährlösung.

Für eine streng exponentielle Zellvermehrung unter völlig konstanten Bedingungen, wie sie zum Beispiel bei kinetischen Studien über die Zellvermehrung erwünscht ist, sind die üblichen Suspensionskulturen allerdings nicht ausreichend, sondern es sind dafür besondere Vorrichtungen nötig, die nach zwei verschiedenen Prinzipien entwickelt worden sind. Die eine dieser Methoden beruht darauf, daß sich die Kultur als Zellsuspension innerhalb einer porösen Kammer befindet, die relativ rasch mit frischer Nährlösung durchströmt wird, so daß sich die Zusammensetzung der Nährlösung durch Entzug von Nutrienten und Abgabe von Stoffwechselprodukten praktisch nicht verändert [*259*]. Auf diese Weise können recht hohe Zelldichten (Zellzahl pro Volumeneinheit) erreicht werden, jedoch ist die Dauer der Kultur beschränkt, da ja die Zelldichte dauernd ansteigt. Das andere Prinzip beruht auf der Herstellung eines „steady state", indem zur Kultur kontinuierlich frische Nährlösung zufließt, so daß die Zellvermehrung durch die fortlaufende Verdünnung der Kultur eben kompensiert wird. Durch regelmäßige Entnahmen von Proben der Zellsuspension oder durch einen Überlauf wird außerdem das Volumen der Kultur konstant gehalten. Auf diese Weise werden besonders günstige Kulturbedingungen und dadurch bei gewissen Zellstämmen auch eine sehr rasche Zellvermehrung mit Generationszeiten von nur 10—12 Std erreicht [*92, 537, 619*].

In Abb. 1 ist eine Apparatur zur Kultur von Säuger-Zellen unter steady-state-Bedingungen dargestellt [*619*]. Die Zellen in der Kultur werden durch einen Magnetrührer *M* in Suspension gehalten. Eine elektrisch getriebene große Injektionsspritze *S* bewirkt durch pneumatische Übertragung den kontinuierlichen Zufluß frischer Nährlösung aus dem Reservoir *R* in das Kulturgefäß *K* mit der gewünschten regulierbaren Geschwindigkeit. Der Zufluß frischer Nährlösung zur Kultur wird kompensiert durch stündliche Entnahmen von Proben der Zellsuspension in einzelne Entnahmegefäße *E*. Diese Entnahmen vollziehen sich während 20 Std automatisch, indem eine Arretierung gelöst wird, worauf eine Feder *F* den Stempel einer Injektionsspritze *I* rückwärts zieht und dadurch die Probe aus der Kultur ansaugt. Das Volumen der Kultur wird so bemessen, daß die dauernde Verdünnung der Zellsuspension mit frischer Nährlösung durch die Zellvermehrung eben aufgehoben wird und somit die Zelldichte konstant bleibt. Durch Zugabe eines geeigneten Fixierungsmittels in die Entnahmegefäße werden die Zellen der Proben unmittelbar nach der Entnahme fixiert, so daß in einem beliebigen späteren Zeitpunkt die Zellpopulation durch mikroskopische Untersuchungen analysiert werden kann. Die Gasphase über der Kultur wird durch ein Gemisch von 95% Luft und 5% CO_2 langsam erneuert, um die Kultur mit Sauerstoff zu versorgen und um den pH-Wert der Bicarbonathaltigen Nährlösung konstant zu halten. Ein Wasserbad *W* gewährleistet eine konstante Inkubationstemperatur von 37 °C.

Für Zelldichten innerhalb kritischer Grenzwerte kommt eine optimale Zellvermehrung zustande. Anderseits kann der Kultur auch eine suboptimale Wachstumsgeschwindigkeit aufgezwungen werden, indem das Volumen der Kultur im Verhältnis zum Zufluß frischer Nährlösung entsprechend größer gewählt wird; unter diesen Umständen stellt sich ein neuer „steady state" mit höherer Zelldichte und langsamerer Zellvermehrung ein.

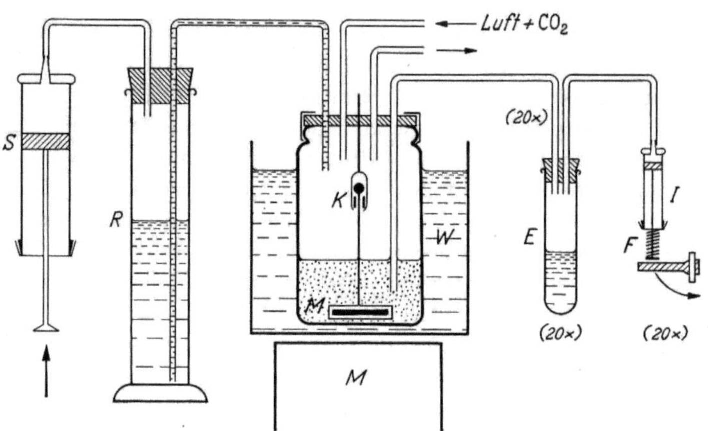

Abb. 1. Apparatur für die Kultur von Zellen unter „steady state"-Bedingungen (SCHINDLER, R.: Helv. physiol. pharmacol. Acta 18, C 60, 1960)

Die quantitative Erfassung der Zellvermehrung. Die Verwendung flüssiger Kulturmedien und die damit verbundene Möglichkeit der Herstellung homogener Zellsuspensionen hat rasch zum Ausbau von Methoden zur quantitativen Bestimmung der Zellvermehrung geführt. Die Zellvermehrung kann bei Suspensionskulturen besonders einfach gemessen werden durch Auszählen der Zellen in einer der für Leukocytenzählungen gebräuchlichen Zählkammern. Neuerdings sind zur Bestimmung der Zelldichte (Zellzahl pro Volumeneinheit) auch elektronische Geräte herangezogen worden, die eine beträchtlich erhöhte Genauigkeit und Schnelligkeit der Zählung ermöglichen [60, 446]. Für „Monolayer"-Kulturen kommt eine entsprechende Zählung der mit Hilfe von Citronensäure in Suspension gebrachten Zellkerne [599] oder die Zählung der Zellen nach Behandlung mit Trypsin in Frage. Daneben ist eine Reihe einfacher chemischer Bestimmungsmethoden beschrieben worden, vor allem für Zellprotein [54, 501], für DNS [54, 455, 516], für DNS-Phosphor [315] und für Zell-Purine und -Pyrimidine [454]. In all diesen Fällen besteht eine befriedigende Proportionalität zwischen Zellzahl und Gehalt einer Kultur an diesen Zellkomponenten; für Kulturen in verschiedenen Wachstumsphasen ist diese Proportionalität allerdings nicht mehr streng erfüllt [325, 517, 585, 674].

Weiterhin besteht eine Möglichkeit zur ausschließlichen quantitativen Erfassung der vermehrungsfähigen Zellen darin, daß nach entsprechender Verdünnung einer Zellsuspension die Zahl der Kolonien bestimmt wird, die sich aus den einzelnen, am Glas haftenden Zellen entwickeln. Diese Methode ist wohl die zuverlässigste, was die Unterscheidung zwischen „lebenden" und „toten" Zellen anbetrifft, und besonders wertvoll für die Analyse kurzfristiger cytotoxischer Effekte wie zum Beispiel derjenigen ionisierender Strahlen.

Kultur genetisch einheitlicher Zellstämme aus isolierten Zellen. Die Züchtung isolierter Zellen ist im Gegensatz zur mikrobiellen Methodik bei den meisten Zellstämmen mit gewissen Schwierigkeiten verbunden. Ein wichtiger Grund für diese Schwierigkeiten scheint darin zu bestehen, daß Säugerzellen gewisse Metabolite in das umgebende Milieu abgeben und dadurch an diesen Stoffwechselprodukten verarmen, falls das Volumen des Kulturmediums im Verhältnis zum Zellvolumen unverhältnismäßig groß ist. Damit wird es verständlich, daß eine kritische minimale Populationsdichte oft eine Voraussetzung für eine fortgesetzte Zellvermehrung bildet [*179*], und daß bei Kulturen mit extrem niedriger Zelldichte zusätzliche Nährbedürfnisse auftreten [*169*]. Es besteht hier offenbar ein wesentlicher Unterschied zu den meisten Mikroorganismen, deren Zellmembranen im allgemeinen eine bedeutend geringere Permeabilität beziehungsweise eine viel ausgeprägtere Befähigung zu aktiven Transportleistungen aufweisen.

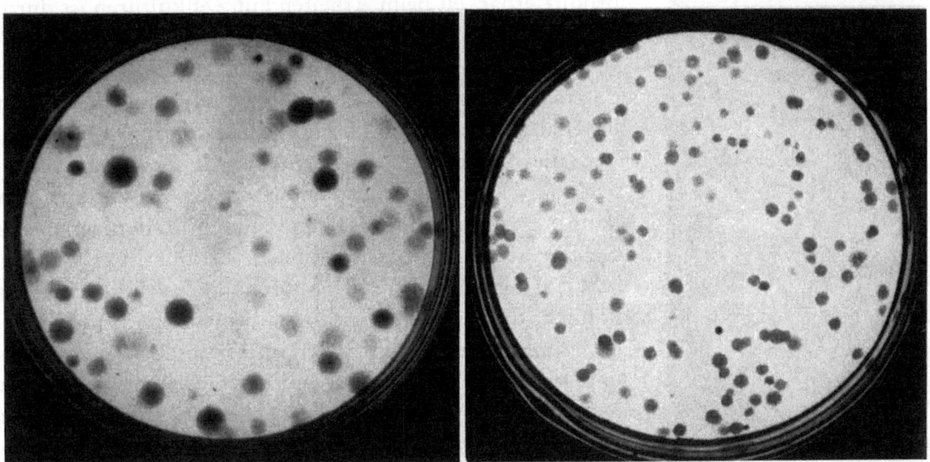

Abb. 2. Aus Einzelzellen hervorgegangene Kolonien (HeLa). Links: Kolonien aus genetisch uneinheitlicher Kultur. Rechts: Kolonien aus genetisch einheitlicher Kultur (Puck, T. T., P. I. Marcus, and S. J. Cieciura: J. exp. Med. 103, 273, 1956)

Eine erste Möglichkeit zur Züchtung isolierter Zellen ergab sich durch deren Kultur innerhalb einer Glascapillare, wodurch das Volumen des umgebenden Mediums hinreichend klein gehalten wird [*596, 600*]. Eine neuere, von Puck in Analogie zur bakteriologischen Keimzählung entwickelte Methode besteht in der Verwendung eines sogenannten „feeder layer", d. h. einer Monolayer-Kultur von Zellen, die durch Röntgenbestrahlung ihrer Vermehrungsfähigkeit beraubt, in ihren Stoffwechselfunktionen aber noch mehr oder weniger intakt geblieben sind [*550*]. Solche bestrahlte „feeder layers" vermögen die benötigten Metaboliten an das Nährmedium abzugeben, so daß isolierte Zellen in diesem Milieu mit sehr guter Ausbeute zu Kolonien auswachsen. Später konnte Pucks Gruppe zeigen, daß die Verwendung eines „feeder layer" umgangen werden kann: dazu ist eine besonders milde Trypsin-Behandlung bei der Herstellung der Zellsuspension erforderlich, und ein weiterer Kunstgriff besteht im Zusatz von Agar zur Nährlösung; dadurch wird offenbar die Konvektion des Mediums verhindert und so der Verlust von Metaboliten aus den Zellen herabgesetzt [*525*]. Abb. 2 zeigt solche Kolonien, die aus einzelnen, in einer Petrischale gezüchteten Zellen hervorgegangen sind. Bei Zellstämmen, deren Zellen nicht an der Glasoberfläche des Kulturgefäßes haften, lassen sich Kolonien aus isolierten Zellen unter Verwendung halbfester, durch Gerinnung von Fibrinogen hergestellter Nährmedien züchten, wie in Abb. 3 dargestellt [625]. Bei einzelnen Zellstämmen konnten mit Hilfe dieser Methoden aus 100% der Einzelzellen Kolonien erhalten werden. Die Kolonieausbeute hängt jedoch sehr von der Zusammensetzung der verwendeten Nährlösung ab [441, 549], was nicht verwunderlich ist, da ja ein Kulturmedium, in dem die betreffenden, aus den Zellen austretenden Metaboliten bereits vorhanden sind, einer Verarmung der Zellen an diesen Substanzen entgegenwirken muß. Auf die Natur dieser Stoffe wird bei der Besprechung der Nährbedürfnisse von Zellkulturen noch näher eingegangen werden.

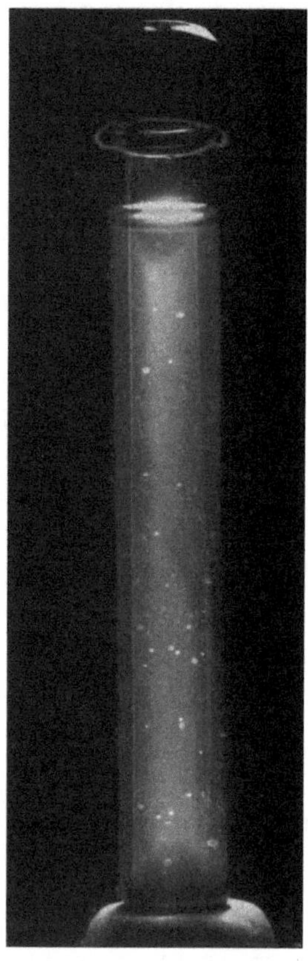

Abb. 3. Züchtung von Kolonien aus Einzelzellen in einem Fibrin-Gel (Stamm P-815-X2) (Schindler, R.: Exp. Cell Res. 34, 595 1964)

Die Aufbewahrung von Zellstämmen in tiefgefrorenem Zustand. Ein wertvoller Beitrag hinsichtlich der Reproduzierbarkeit beim Arbeiten mit Zellkulturen ist durch die Technik der Aufbewahrung von Zellen im tiefgefrorenen Zustand geleistet worden. Es ist nämlich bekannt, daß sich Zellstämme bei fortgesetzter Kultur in vitro im allgemeinen langsam in ihren Eigenschaften verändern, wie dies auch an experimentellen Tumoren bei fortgesetzter Transplantation in vivo beobachtet werden kann. Dazu kommt bei langfristigen Zellkulturen die Gefahr latenter Virus-Infektionen. Deshalb ist es wünschbar, auf eingefrorene Zellpopulationen zurückgreifen zu können, die einer solchen allmählich stattfindenden Veränderung ihrer Eigenschaften nicht ausgesetzt sind. Es hat sich gezeigt, daß für ein erfolgreiches Einfrieren mehrere Kunstgriffe wesentlich sind: einerseits der Zusatz von 5—20% Glycerin zur Zellsuspension, und anderseits ein sehr langsames Senken der Temperatur im Bereich von 0° bis —25° [612, 672, 676]. Nach der Aufbewahrung bei tiefer Temperatur ist außerdem ein möglichst rasches Auftauen von Bedeutung [613, 676]. An Stelle von Glycerin ist kürzlich auch die Verwendung von Dimethylsulfoxyd empfohlen worden [139, 538]. Bei Berücksichtigung dieser Faktoren ist es gelungen, alle von 82 diesbezüglich untersuchten Zellstämmen während ein bis zwei Jahren ohne Verlust der spezifischen Eigenschaften in gefrorenem Zustand lebensfähig zu erhalten [312]. Eine Gefriertrocknung tierischer Zellen unter Erhaltung ihrer Lebensfähigkeit scheint dagegen bis jetzt nicht möglich zu sein.

Verwendung von Antibiotica. Als wertvolle Neuerung von großer praktischer Bedeutung ist schließlich der Zusatz von Antibiotica, mit Wirksamkeit sowohl gegen Bakterien [201, 465] wie gegen Pilze [459, 559], zu den Kulturmedien zu erwähnen. Dadurch ist die Gefahr und Häufigkeit mikrobieller Infektionen in den Kulturen außerordentlich herabgesetzt worden. Die Verwendung der Antibiotica zusammen mit der Möglichkeit der Aufbewahrung von Zellen in tiefgefrorenem Zustand hat denn auch die komplizierten, streng aseptischen Vorkehrungen und Laboreinrichtungen früherer Zeiten weitgehend überflüssig gemacht.

3. Nährbedürfnisse und biochemisches Verhalten

Bestrebungen zur Entwicklung chemisch definierter Nährmedien. Obschon bereits von CARRELs Gruppe Anstrengungen zur Aufklärung der Nährbedürfnisse von Zellkulturen unternommen wurden [79], hat erst die Einführung flüssiger Nährmedien und quantitativer Methoden zur Bestimmung der Zellvermehrung eine brauchbare Grundlage geschaffen für Versuche, die aus Serum und Embryo-Extrakt bestehenden Nährlösungen durch chemisch definierte zu ersetzen und damit die Nährbedürfnisse der Zellkulturen abzuklären. Anderseits ist auch die Methodik der Zellkultur durch die Fortschritte in der Herstellung definierter und reproduzierbarer Nährmedien entscheidend gefördert worden, und daneben haben die Erkenntnisse über die Nährbedürfnisse tierischer Zellen an sich großes Interesse gefunden [476].

EARLEs Gruppe konnte vorerst auf Grund von Dialyse-Versuchen zeigen, daß nur der niedermolekulare Anteil von Embryo-Extrakt, anderseits bei Zusatz einer Mischung von synthetischen Wuchsstoffen [477] nur der hochmolekulare Anteil von Serum für das Wachstum der Kulturen notwendig ist [603, 608]. EAGLE gelang es daraufhin, den Embryo-Extrakt vollständig zu eliminieren und eine Nährlösung zu entwickeln, die, abgesehen von einer geringen Menge von dialysiertem Serum, chemisch definiert ist, und es ist auch sein Verdienst, für jede niedermolekulare Komponente in seinem Nährmedium deren Unentbehrlichkeit für die Zellvermehrung nachgewiesen zu haben [154]. Von LEVINTOW und EAGLE stammt eine sehr ausführliche Übersicht über die Nährbedürfnisse und die Biochemie von Säugerzellkulturen [403].

Allgemeine Nährbedürfnisse von Zellkulturen. Es hat sich gezeigt, daß eine große Zahl verschiedener Zellstämme qualitativ in den Nährbedürfnissen völlig übereinstimmt. Diese gemeinsamen Nährbedürfnisse sind in Tab. 1 zusammengestellt. Bei den anorganischen Komponenten fällt auf, daß ein Bedürfnis für Eisen und andere Spurenelemente bisher mit ganz wenigen Ausnahmen nicht aufgezeigt werden konnte; offenbar sind diese Metallionen so fest an die Serumproteine gebunden, daß sie bei der Dialyse nicht entfernt werden. Sauerstoff scheint für Zellkulturen entbehrlich zu sein, doch geht im allgemeinen die Zellvermehrung unter anaeroben Verhältnissen weniger schnell vor sich als unter aeroben Bedingungen [65, 106, 308, 367, 503, 579], und in einigen Untersuchungen hat sich Sauerstoff sogar für eine fortgesetzte Zellvermehrung als notwendig erwiesen [251, 259, 519]. Unter den Aminosäuren sind nicht nur diejenigen, die für den Gesamtorganismus als essentiell erkannt worden sind [574], für die Ernährung von Zellkulturen unentbehrlich, sondern es kommen 5 weitere dazu, nämlich Arginin, Cystin, Glutamin, Histidin und Tyrosin. Die Gründe für diese Diskrepanz sind bisher nicht völlig geklärt, man kann sich jedoch vorstellen, daß im intakten Tier eine Synthese dieser Substanzen zum Beispiel vorwiegend in der Leber stattfindet. Eine weitere Möglichkeit, die sich beispielsweise im Falle von Cystin als zutreffend erwiesen hat [172], besteht darin, daß die Zellen in Kultur zwar die betreffende Aminosäure selber synthetisieren können, diese jedoch zu einem großen Teil an das Kulturmedium verlieren, so daß ohne Zusatz von Cystin zum Nährmedium die Konzentration dieser Aminosäure im intracellulären „Pool" auf zu niedrige Werte absinkt.

Tabelle 1. *Die allgemeinen Nährbedürfnisse von Säuger-Zellkulturen*

a) Anorganische Stoffe [155, 250, 678]:

Na·	Cl′
K·	H_2PO_4′
Mg··	HCO_3′
Ca··	

b) Aminosäuren [150, 151]:

L-Isoleucin	L-Arginin
L-Leucin	L-Cystin
L-Lysin	L-Glutamin
L-Methionin	L-Histidin
L-Phenylalanin	L-Tyrosin
L-Threonin	
L-Tryptophan	
L-Valin	

c) Vitamine [152, 165, 166]:

Cholin
Folsäure
Inosit
Nicotinamid
Pantothensäure
Pyridoxal
Riboflavin
Thiamin

d) Kohlenhydrat:

Glucose

e) Dialysiertes Serum

Bei den Vitaminen konnten bisher Biotin, Vitamin B_{12} sowie die fettlöslichen Vitamine nicht als essentiell nachgewiesen werden. Dies dürfte wiederum darauf zurückzuführen sein, daß diese Vitamine so fest an die Serumproteine gebunden sind, daß sie durch die Dialyse nicht vollständig entfernt werden. Als energielieferndes Kohlenhydrat dient im allgemeinen Glucose, die aber auch durch einige andere Kohlenhydrate und deren Abbauprodukte ersetzt werden kann [159]. Überhaupt sind in mehreren Fällen die aufgeführten Wuchsstoffe durch nahe verwandte Substanzen ersetzbar, wie etwa Pyridoxal durch Pyridoxin oder Pyridoxamin [156].

Das Bedürfnis für Serumproteine. Die Funktion des dialysierten Serums im Nährmedium ist heute noch nicht vollständig geklärt. Die Species des Serum-Donors ist hinsichtlich der Zellvermehrung ohne Bedeutung und kann ohne nachteiligen Effekt von der für die Herstellung der Zellkulturen verwendeten Species verschieden sein; so wird zum Beispiel oft Pferdeserum für Kulturen humanen Ursprungs verwendet. Anderseits ist jedoch gezeigt worden, daß je nach der Species des Serum-Donors die Morphologie der Zellen in Kultur sich in markanter Weise verändern kann [552].

Serumproteine können zwar in beschränktem Ausmaß durch Pinocytose von den Zellen aufgenommen werden [581]. Doch werden die zelleigenen Proteine in Zellkulturen nur zu einem kleinen Teil aus den in den Serumproteinen enthaltenen Aminosäuren aufgebaut [168], was sich ja auch darin äußert, daß das Bedürfnis für freie Aminosäuren im Medium (Tab. 1) durch die Gegenwart der Serumproteine nicht behoben wird. Jedoch deuten andere Befunde darauf hin, daß das Serum gewisse weitere, an die Serumproteine gebundene Wuchsstoffe liefert. So ist gezeigt worden, daß Zellkulturen in einem proteinfreien, chemisch definierten Medium gezüchtet werden können, falls dieses Medium über eine Dialysemembran in Kontakt mit einer Lösung steht, die ihrerseits dialysiertes Serum sowie ein proteolytisches Fermentpräparat enthält [158]. In einzelnen Fällen gelang es auch, das Serum im Medium durch ein Serum-Dialysat zu ersetzen [274, 464]. Anderseits konnte jedoch bisher mit Ausnahme einiger speziell adaptierter Zellstämme das dialysierte Serum durch noch so reichhaltige Mischungen niedermolekularer Wuchsstoffe [*316, 461*] nicht ersetzt werden, so daß die Natur solcher zusätzlicher Wuchsstoffe noch offensteht.

Fraktionierung der Serumproteine hat zu zwei aktiven Fraktionen geführt: einerseits dem Albumin, das seine Wirkung vermutlich auf Grund adsorbierter Wuchsstoffe ausübt und möglicherweise auch eine physikalisch-chemische Schutzwirkung auf die Zelloberfläche besitzt [*466*]; anderseits einem α-Globulin, dessen augenfälligste Wirkung darin besteht, daß es die Zellen veranlaßt, sich an der Glasoberfläche auszubreiten und daran festzuhaften [*228, 410, 412, 466*], und dessen Konzentration in fetalem Serum besonders hoch ist [*228*]. Es scheint jedoch nicht nur für das Anhaften der Zellen am Glas, sondern auch für die Zellvermehrung notwendig zu sein. Versuche zur Reinigung dieses Faktors haben ergeben, daß es sich sehr wahrscheinlich um ein Glykoproteid handelt [*410, 412*]. Mit diesen beiden Serumprotein-Fraktionen als hochmolekularen Komponenten des Nährmediums lassen sich auch isolierte Zellen mit guter Kolonieausbeute züchten [*229, 295*].

Versuche, das Serum oder einzelne Serum-Fraktionen im Nährmedium durch andere, besser definierte Substanzen zu ersetzen, haben zu einer verwirrenden Fülle von Resultaten geführt. Als solche das Serum mindestens teilweise substituierende Wuchsstoffe sind beschrieben worden: Pepton [*732*]; Insulin, Versen und Katalase [*413*]; zusätzliche Aminosäuren, Salmin, Insulin, Methyl-oleat und durch Pankreas-Fermente abgebautes Lactalbumin [*492*]; Insulin und Methylcellulose [*487*]; Linolsäure und Linolensäure [*298*]; Polyamine wie Putrescin, Spermin und Spermidin [*296*]; und schließlich Eisen [*493*]. Ein völlig anderer Gesichtspunkt in der Frage nach der Funktion des Serums ist von RAPPAPORT u. Mitarb. eröffnet worden, die zeigen konnten, daß verschiedene Zellstämme in einem chemisch definierten Medium zu wachsen vermögen, wenn das Glas des Kulturgefäßes eine bestimmte chemische Zusammensetzung aufweist und vor der Inkubation mit Natriumbicarbonat behandelt worden ist [*561*]. Diese Befunde deuten auf eine vorwiegend physikalische Funktion des Serum-Proteins hin, welches offenbar eine bestimmte elektro-chemische Struktur der Zelloberfläche zu gewährleisten hat.

Adaptierung von Zellstämmen an chemisch definierte Nährmedien. Es bleibt noch zu erwähnen, daß es in recht vielen Fällen gelungen ist, Säuger-Zellstämme an ein chemisch definiertes Nährmedium (ohne Zusatz von Serum) zu adaptieren [*207, 208, 461, 555, 733*]. In diesen Fällen liegen allerdings gute Anhaltspunkte dafür vor, daß dabei eine intensive Selektion stattgefunden hat. Außerdem ist bemerkenswert, daß unter diesen Umständen die für die Zellvermehrung in Gegenwart von Serum als essentiell gefundenen Nutrienten (Tab. 1) oft nicht ausreichen, sondern daß Bedürfnisse für zusätzliche Wuchsstoffe auftreten, welche die Verwendung komplizierterer Nährmedien [*212, 213, 316, 461, 477, 597*] bedingen [*175*].

Die Frage spezieller Nährbedürfnisse. Wohl das erstaunlichste Ergebnis aus all diesen Untersuchungen ist der Befund, daß die Nährbedürfnisse einer großen Zahl von Zellstämmen, herstammend von verschiedenen Species und sowohl normalen wie neoplastischen Ursprungs, im wesentlichen übereinstimmen. Damit ist auch die Hoffnung, auf dieser Basis einen Unterschied zwischen normalen Zellen und Krebszellen zu finden, enttäuscht worden. Es ergibt sich hier somit eine völlig andere Situation als bei den Mikroorganismen, die bekanntlich in ihren Wuchsstoffbedürfnissen in weitem Rahmen variieren, und wo oft noch innerhalb einer Species eine ganze Fülle von Mutanten bekannt geworden ist. Es stellt sich allerdings die wichtige

Frage, ob die Einheitlichkeit der verschiedenen Zellstämme hinsichtlich ihrer Nährbedürfnisse nicht eine scheinbare ist, indem bei der Herstellung von Primärkulturen nur diejenigen Zellen sich vermehren und einen Zellstamm bilden, die den heute üblichen Nährmedien von vorneherein angepaßt sind, während andere Zelltypen, deren Kultur bisher nicht gelungen ist, vielleicht doch wesentlich andere Nährbedürfnisse aufweisen könnten. Auf dieses Problem wird bei der Besprechung der spezifischen Zellfunktionen in Zellkulturen noch näher eingegangen werden. Für einige Zellstämme sind tatsächlich auch bereits gewisse spezielle Wuchsstoffbedürfnisse beschrieben worden. Bei diesen zusätzlichen Wuchsstoffen handelt es sich um die Aminosäuren Asparagin, Serin und Glykokoll sowie um Pyruvat. Ferner zeigen einige Zellstämme ein stark erhöhtes Bedürfnis für Folsäure. Diese speziellen Nährbedürfnisse, die bei den verschiedenen Zellstämmen zum Teil einzeln, zum Teil jedoch in Kombination auftreten, sind in Tab. 2 zusammengestellt.

Tabelle 2. *Spezielle Nährbedürfnisse einzelner Zellstämme*

Zellstamm	Bedürfnis für					Literatur
	L-Asparagin	L-Serin	L-Serin oder Glykokoll	Pyruvat	Folsäure oder Folinsäure in hoher Konz.	
Walker-Carcinom 256	+		+ *			[450, 489]
Jensen-Sarkom	+		+ *			[449]
Leukämie L-5178	+				+	[227, 291]
Kaninchen-Fibroblasten		+				[281]
Leukämie P-388			+	+		[324]
Mastocytom P-815			+		+	[624, 630]
Affen-Nieren-Zellen					+	[157, 418]

* wirkt stimulierend, ist notwendig für optimales Wachstum.

Nährbedürfnisse isolierter Zellen. Diese sind, wie bereits ausgeführt, im allgemeinen größer als diejenigen dichterer Zellpopulationen. Ob ein Nährmedium diesen weitergehenden Bedürfnissen genügt, läßt sich daran erkennen, ob eine gute Kolonieausbeute („cloning efficiency") erreicht wird, d. h., ob ein hoher Prozentsatz der isolierten Zellen zu Kolonien auswächst. Bei Verwendung von dialysiertem Serum in der Nährlösung wurde so eine Reihe zusätzlicher Nutrienten als für die Vermehrung isolierter Zellen unentbehrlich erkannt: einmal weitere Aminosäuren (zusätzlich zu den in Tab. 1 aufgeführten), so vor allem Serin [423, 483], ferner Metaboliten des Citronensäure-Cyclus, wie Pyruvat, Oxalacetat oder α-Ketoglutarat [483, 490]. Außerdem haben sich Purine als wachstumsstimulierend für isolierte Zellen des Walker-Carcinoms erwiesen [491]. Bei einem diploiden Hamster-Zellstamm wurde schließlich als Voraussetzung für eine gute Kolonie-Ausbeute die Anwesenheit von Eisenchlorid, Serin, Prolin, Pyruvat, Hypoxanthin und Thymidin im Nährmedium beschrieben [295, 297]. Hypoxanthin ließ sich dabei durch Vitamin B_{12}, Thymidin durch die Kombination von Vitamin B_{12} und Folsäure weitgehend ersetzen. In ähnlicher Weise ließ sich unter bestimmten Bedingungen für isolierte HeLa-Zellen ein Bedürfnis für Vitamin B_{12}, Folsäure und Thymidin nachweisen [757].

Diese zusätzlichen Nährbedürfnisse von Zellkulturen bei extrem niedriger Populationsdichte finden ihr Gegenstück in verminderten Bedürfnissen bei hohen Zelldichten. So hat sich gezeigt, daß Zellkulturen in einem Cystin-freien Nährmedium zu wachsen vermögen, falls die Populationsdichte mindestens 200 000 bis 400 000 Zellen/ml beträgt. Bei niedrigeren Zelldichten findet zwar ebenfalls eine Synthese von Cystin durch die Zellen statt, jedoch geben die Zellen bei Abwesenheit von exogenem Cystin einen so großen Teil dieser Aminosäure in das Nährmedium ab, daß die Konzentration im intracellulären Aminosäure-Pool für die Stoffwechsel-Bedürfnisse zu gering wird [172]. Ebenso synthetisieren diejenigen Zellstämme, die Serin benötigen (Tab. 2), diese Aminosäure selber, und bei sehr hohen Populationsdichten ist das Bedürfnis für Serin nicht mehr nachweisbar. Es besteht hier somit nur ein quantitativer Unterschied zum Serin-Bedürfnis, das regelmäßig bei isolierten Zellen unter sehr niedrigen Populationsdichten auftritt. In ähnlicher Weise konnte eine Abhängigkeit der Nährbedürfnisse von der Populationsdichte im Falle von Glutamin, Pyruvat und Inosit nachgewiesen werden [169].

Biochemische Beziehungen zwischen verschiedenen Wuchsstoffen. Durch geeignete Variation der Nutrienten im Nährmedium sind interessante Aufschlüsse über biochemische Beziehungen zwischen verschiedenen Wuchsstoffen und Metaboliten gewonnen worden, wie die Abklärung der biochemischen Funktionen von Vitaminen. So kann zum Beispiel Pyridoxal aus der Nährlösung weggelassen werden, wenn zusätzlich zu den 13 essentiellen Aminosäuren (Tab. 1) weitere 6 bis 8 „nichtessentielle" Aminosäuren in das Medium einbezogen werden [282, 677]. Offenbar dient unter diesen Bedingungen Pyridoxal nach Umwandlung in Pyridoxalphosphat ausschließlich als Coenzym für Transaminierungen. Ähnlich kann Folsäure durch die Kombination von Glykokoll, Thymidin und einem Purin ersetzt werden [283], was zur Annahme berechtigt, daß Folsäure in Zellkulturen nach Umwandlung in die entsprechenden Coenzyme einzig den Einbau von Ein-Kohlenstoff-Fragmenten in die Purine und in Thymin sowie die Umwandlung Serin—Glykokoll katalysiert. In analogen Versuchen konnte weiterhin gezeigt werden, daß das Bedürfnis von Zellkulturen für Kohlendioxyd oder Bicarbonat verschwindet, wenn dem Nährmedium die Riboside von Adenin, Guanin, Cytosin und Uracil sowie Oxalacetat zugesetzt werden [87].

Der Kohlenhydrat- und Energiestoffwechsel. Die aus biochemischen Untersuchungen an Zellkulturen erhaltenen Ergebnisse zeigen, unabhängig vom Organ, aus dem der betreffende Zellstamm entstanden ist, im allgemeinen ein recht einheitliches Bild, das der biochemischen Aktivität einer sich rasch vermehrenden tierischen Zelle entspricht. Dies zeigt sich vielleicht am deutlichsten am Kohlenhydrat- und Energiestoffwechsel. Glucose als Energie-lieferndes Kohlenhydrat im Nährmedium kann im allgemeinen durch Mannose, Galaktose, Fructose, Trehalose und Turanose, teilweise auch durch Ribose, Xylose, Pyruvat und Lactat ersetzt werden [86, 159]. Das Ausmaß und gegenseitige Verhältnis von Glykolyse einerseits und oxydativem Kohlenhydrat-Abbau anderseits hängt in hohem Maße von den Kulturbedingungen, insbesondere vom pH-Wert, der Glucosekonzentration sowie der Gegenwart von Metaboliten des Citronensäure-Cyclus im Nährmedium ab [109, 110, 367, 517, 764]. Sämtliche Enzyme des Citronensäure-Cyclus konnten in Zellkulturen nachgewiesen werden [27]. Der Energiestoffwechsel von Zellstämmen neoplastischen Ursprungs verhält sich im übrigen ähnlich wie derjenige von Zellkulturen aus normalem Gewebe und gleicht in großen Zügen demjenigen von Schnitten aus neoplastischem Material [268, 273].

Stoffwechsel der Aminosäuren und Proteine. Aus bestimmten Abbauprodukten von Glucose stammt auch das Kohlenstoffgerüst einiger nicht-essentieller Aminosäuren, nämlich von Alanin, Serin und Glykokoll [157, 170]. Die Aminogruppe wird durch Transaminasen von einer Reihe anderer Aminosäuren, vor allem Glutaminsäure, auf die entsprechenden Ketosäuren übertragen [28, 170]. Für vier weitere Aminosäuren, nämlich Asparagin, Asparaginsäure, Glutaminsäure und Prolin dient dagegen vorwiegend Glutamin als Vorläufer [170, 405]. Daneben hat Glutamin weitere wichtige Funktionen als Vorläufer des Kohlenstoffgerüsts der Pyrimidine (vermutlich mit Asparagin als Zwischenprodukt). Außerdem stammt ein großer Teil des Purin- und Pyrimidin-Stickstoffs aus der Säureamid-Gruppe des Glutamins [164, 588]. Es ist deshalb verständlich, daß Glutamin von Zellkulturen in höheren Konzentrationen benötigt wird als sämtliche übrigen Aminosäuren [154].

Untersuchungen mit markierten Aminosäuren haben gezeigt, daß die Zellproteine nicht stabil sind, sondern in recht intensivem Austausch mit den freien Aminosäuren im Zellinnern (dem sogenannten Aminosäure-„Pool“) stehen: selbst wenn keine Nettosynthese von Protein vor sich geht, findet ein ständiger Einbau von Aminosäuren statt in einem Ausmaß, das einer Neubildung von etwa 1% des Zellproteins pro Stunde entspricht [157, 171]. Der „Pool“ freier Aminosäuren im Zellinnern unterscheidet sich dabei, was die Konzentration der Aminosäuren anbetrifft, deutlich vom extracellulären Medium, so daß das Vorhandensein aktiver Transportleistungen durch die Zellmembran, mindestens für einige der Aminosäuren, angenommen wird [390, 391, 436, 535]. Ein solches aktives Transportsystem ist daneben auch für Natrium- und Kalium-Ionen in Zellkulturen nachgewiesen worden [750].

Stoffwechsel der Nucleinsäuren und ihrer Vorläufer. Trotz der intensiven Synthese von Nucleinsäuren in Zellkulturen besteht im allgemeinen kein Bedürfnis für exogene Purine und Pyrimidine, indem die Zellen imstande sind, die benötigten Nucleinsäure-Vorläufer selber zu synthetisieren. Anderseits werden dem Medium zugesetzte Purine und Pyrimidine sowie deren Nucleoside (Riboside und Desoxyriboside) von den Zellen aufgenommen und in die Nucleinsäuren eingebaut [591, 632]. Die metabolische Stabilität der Nucleinsäuren ist ebenso wie diejenige der Proteine Gegenstand eingehender Untersuchungen geworden. Die Markierung sowohl mit Phosphat-^{32}P wie auch mit Formiat-^{14}C hat zur Abklärung dieser Frage Anwendung gefunden. Für die Desoxyribonucleinsäure ist dabei eine bemerkenswerte, wenn auch offenbar nicht absolute [88] Stabilität gefunden worden, indem deren spezifische Aktivität praktisch nur nach Maßgabe der Zellvermehrung abnimmt [262, 317, 702, 703]. Dieser Befund stimmt demnach gut mit den heutigen Vorstellungen über die Rolle der DNS als Träger der genetischen Information überein.

Im Gegensatz dazu ist die Ribonucleinsäure wesentlich weniger stabil, so daß hier die Verhältnisse den für die Proteine beschriebenen näher kommen [262, 703]. Allerdings zeigt die Stabilität einzelner RNS-Fraktionen beträchtliche Unterschiede [560, 615], es liegen jedoch bisher noch keine Befunde über das Verhalten funktionell definierter RNS-Typen, wie der „Messenger“-, „Transfer“- oder Ribosomen-RNS, vor. Dagegen hat die Anwendung der Autoradiographie auf den Nucleinsäurestoffwechsel von Zellkulturen zu interessanten Ergebnissen geführt. Insbesondere konnte mit Hilfe von Cytidin-^{3}H gezeigt werden, daß die Synthese der RNS vorwiegend oder ausschließlich im Zellkern erfolgt, worauf nach kurzer Zeit ein Übertritt der neugebildeten RNS ins Cytoplasma beobachtet wird [215, 216, 258, 691]. Entsprechende Resultate konnten durch Fraktionierung der Zellen in Kern und Cytoplasma nach Inkubation mit markiertem Uridin und anschließender Unterbrechung der RNS-Synthese durch Actinomycin D erhalten werden [255].

Die Rolle des Nucleolus bei der Synthese der RNS ist noch nicht definitiv geklärt. Durch Inaktivierung des Nucleolus mittels gezielter ultravioletter Bestrahlung konnte die Bildung der ins Cytoplasma wandernden RNS zu einem beträchtlichen Teil unterdrückt werden [531], und es gibt Anhaltspunkte dafür, daß die unter Mitwirkung des Nucleolus gebildete RNS nach Übertritt ins Cytoplasma die stabile, hochmolekulare Ribosomen-RNS darstellt [528, 529]. Es liegen jedoch keine einheitlichen Ergebnisse über die Kinetik des Einbaus von Cytidin-^{3}H in den Nucleolus einerseits und das extranucleoläre Material des Zellkerns anderseits vor, indem aus den einen Versuchen auf eine unabhängige Synthese von RNS im Nucleolus [530, 658], aus anderen Befunden dagegen auf eine Wanderung der außerhalb des Nucleolus im Zellkern gebildeten RNS an den Nucleolus [214, 216] geschlossen wurde. Bisher gelang es auch nicht, in Zellkulturen die Wanderung einer Fraktion mit den Eigenschaften der sogenannten „Messenger"-RNS aus dem Bereich der cellulären DNS zu den Ribosomen im Cytoplasma nachzuweisen [309, 528]. Jedoch ist unter bestimmten Bedingungen eine Stimulierung der Proteinsynthese durch von außen zugeführte RNS beschrieben worden, wobei Anhaltspunkte dafür bestehen, daß diese RNS als „Messenger"-RNS zu betrachten ist [9]. Die bisherigen Ergebnisse und die vielen noch offenen Fragen auf dem Gebiet des RNS-Stoffwechsels von Zellkulturen sind kürzlich in einer Übersicht eingehend besprochen worden [260]. Die Analyse des zeitlichen Verlaufs der DNS-Synthese mit Hilfe autoradiographischer Methoden wird bei der Besprechung des Zellteilungscyclus zur Darstellung kommen.

Induktion und Repression von Enzymen. Im Gegensatz zu den Verhältnissen bei Mikroorganismen sind an Zellkulturen nur sehr spärliche Beispiele der Induktion oder Repression von Enzymen bekannt geworden. Solche Befunde betreffen die Induktion von Arginase durch Arginin [379, 616] und von alkalischer Phosphatase durch Phenylphosphat [99]. Weiterhin sind beschrieben worden die Repression der für die Synthese von Arginin aus Citrullin verantwortlichen Enzyme durch Arginin [616, 617], der Glutamyltransferase durch Glutamin [444, 521] sowie der Glycinamidribotid-Synthetase und eventuell weiterer Enzyme der Purin-Biosynthese durch Purine [452, 495].

Auch hinsichtlich hormonaler Wirkungen an Zellkulturen liegen nur spärliche Befunde vor. Eine Wirkung von Wachstumshormon auf die Zellvermehrung wurde nur in seltenen Fällen beobachtet, wobei die Effekte recht gering waren [470]. Für Insulin [103, 399, 517, 525] und Trijodthyronin [290] ist eine Stimulierung der Glykolyse beschrieben worden, und in vereinzelten Fällen wurde außerdem eine wachstumsfördernde Wirkung von Insulin beobachtet [397, 517]. Ein interessanter biochemischer Effekt der Corticosteroide ist in der Förderung der Synthese von alkalischer Phosphatase gefunden worden [96, 97]. Es besteht dabei eine gute Korrelation zur „glucocorticoiden" Wirkung am Gesamtorganismus [462]. Eine solche Induktion von alkalischer Phosphatase scheint allerdings nur bei Zellstämmen zustande zu kommen, die durch einen niedrigen Gehalt an diesem Enzym charakterisiert sind, während bei Zellstämmen mit hoher Aktivität der alkalischen Phosphatase Corticosteroide ebenso wie gewisse organische Phosphorsäureester eine Repression des Enzyms bewirken [435]. Daneben ist eine Abhängigkeit der Syntheserate der alkalischen Phosphatase von weiteren Faktoren, wie der Osmolarität [496] und dem Gehalt des Nährmediums an Cystin und Cystein [98] beschrieben worden.

4. Pharmakologische Beeinflussung

Die gleichartige Empfindlichkeit von Kulturen normaler und neoplastischer Zellen gegen Cytostatica. Zellkulturen stellen naturgemäß ein sehr ansprechendes Modellsystem für maligne Tumoren dar, und es ist deshalb verständlich, daß sie in mannigfacher Weise für das Studium der Wirkung von krebshemmenden Stoffen herangezogen worden sind. Es ergab sich dabei sehr bald der überraschende Befund, daß sich Kulturen normaler Zellen und solche von Krebszellen in ihrer Empfindlichkeit gegenüber Carcinostatica praktisch nicht unterscheiden [160, 161, 162]. Dieses Verhalten dürfte mindestens teilweise damit zusammenhängen, daß sich normale und neoplastische Zellen in Zellkultur gleich rasch vermehren; denn auch in vivo sind ja die Gewebe mit intensiver Zellvermehrung, wie die blutbildenden Organe und die Gastrointestinal-Mucosa, besonders empfindlich hinsichtlich der toxischen Nebenwirkungen carcinostatischer Substanzen. Weiterhin bestehen im intakten Organismus Möglichkeiten für eine selektive Hemmwirkung auf Tumoren auf Grund von Unterschieden in der Verteilung und im Stoffwechsel der Carcinostatica in normalen und neoplastischen Geweben. Schließlich ist auch in Betracht zu ziehen, daß in normalen Geweben mit rascher Zellvermehrung neben den „Stammzellen" oft eine Reihe von Zellen verschiedener Differenzierungsstufen vorliegt. Die verschiedenen Stufen solcher Differenzierungsreihen weisen nun möglicherweise beträchtliche Unterschiede in ihrer Empfindlichkeit gegenüber Cytostatica auf; Tumorzellen dagegen stellen im allgemeinen eine viel einheitlichere Population dar, so daß hier auch in vivo alle Zellen, mit Ausnahme von resistenten Mutanten, in annähernd gleichem Grade hemmbar sein dürften. Als weitere Erklärungsmöglichkeit wurde schließlich die Ansicht geäußert, daß sich normale Zellen in der Kultur mit der Zeit in Zellen mit neoplastischen Eigenschaften umwandeln; es ließ sich jedoch zeigen, daß Kulturen normaler Zellen bereits in der ersten Generation in vitro sich in ihrer Empfindlichkeit gegenüber Carcinostatica von Krebszellkulturen nicht mehr unterscheiden [232].

Zellkulturen als Testobjekt für die Prüfung von Carcinostatica. Die Frage der Eignung von Zellkulturen als Testobjekt für die Prüfung von Substanzen als Carcinostatica [327] ist Gegenstand vieler umfangreicher Untersuchungen geworden. Sie hat vor allem große praktische Bedeutung, da die Prüfung solcher Substanzen in vivo einen beträchtlichen zeitlichen und finanziellen Aufwand mit sich bringt. Im allgemeinen hat es sich gezeigt, daß Substanzen mit carcinostatischer Wirkung in vivo meist auch an Zellkulturen eine hohe Toxicität aufweisen [160, 161, 162]. Jedoch besteht keine gute Korrelation zwischen carcinostatischer Wirkung in vivo und Toxicität in vitro [135, 161, 162, 328, 715], mit Ausnahme eng begrenzter Stoffgruppen wie zum Beispiel der Folsäure-Antagonisten [160] oder der Steroide [361]. Jedoch weisen Zellkulturen als Testobjekt gegenüber transplantierbaren Tumoren mehrere praktische Vorteile auf, indem nur sehr kleine Mengen der zu prüfenden Substanz benötigt werden und auch die Versuchsdauer relativ kurz ist. Da nun immerhin die meisten krebshemmenden Stoffe eine recht hohe Toxicität an Zellkulturen aufweisen, ist argumentiert worden, daß man Zellkulturen für eine erste Prüfung („Primary screen") von neuen Substanzen verwenden könnte, um dann diejenigen mit guter Hemmwirkung in vitro einer weiteren Prüfung an transplantierbaren Tumoren zu unterziehen. Dabei stellt sich allerdings die Frage, ob es auch Carcinostatica gibt, die eine geringe oder gar keine Hemmwirkung auf Zellkulturen ausüben und die dann durch eine solche vorläufige Prüfung nicht erfaßt würden. In der Tat sind mehrere solche Stoffe bekannt geworden; als Beispiele seien 6-Azauracil [631] als Vertreter der Antimetaboliten und Cyclophosphamid [233] als Beispiel eines biologischen Alkylierungsmittels erwähnt. Zusammenfassend kann somit wohl gesagt werden, daß Zellkulturen für eine erste Prüfung potentieller Carcinostatica von zweifelhaftem Wert sind, indem sie keine quantitativen Angaben über die Tumorwirksamkeit in vivo und die therapeutische Breite zu liefern vermögen. Tatsächlich wird denn auch die routinemäßige Testung neuer Verbindungen immer noch sehr weitgehend an transplantierbaren Tumoren in vivo durchgeführt.

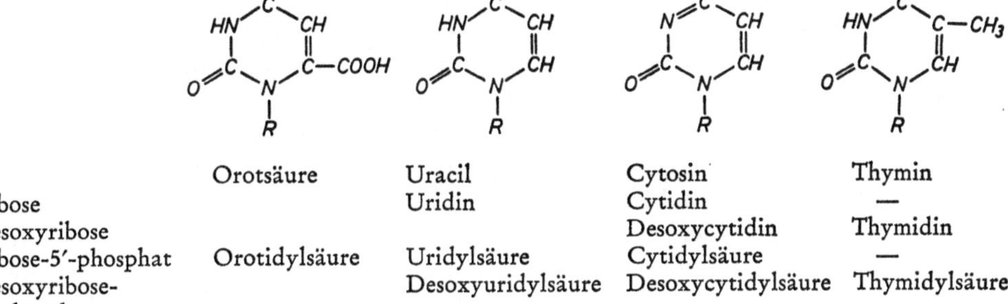

Carcinostatica ohne Wirksamkeit auf Zellkulturen. Von besonderem Interesse sind diejenigen Fälle, in denen eine Substanz in vivo eine carcinostatische Wirkung ausübt, auf Zellkulturen dagegen keinerlei Hemmeffekt zeigt. Ein solcher Sachverhalt

R = H   Orotsäure   Uracil   Cytosin   Thymin
R = Ribose   Uridin   Cytidin   —
R = Desoxyribose   Desoxycytidin   Thymidin
R = Ribose-5′-phosphat   Orotidylsäure   Uridylsäure   Cytidylsäure   —
R = Desoxyribose-   Desoxyuridylsäure   Desoxycytidylsäure   Thymidylsäure
      5′-phosphat

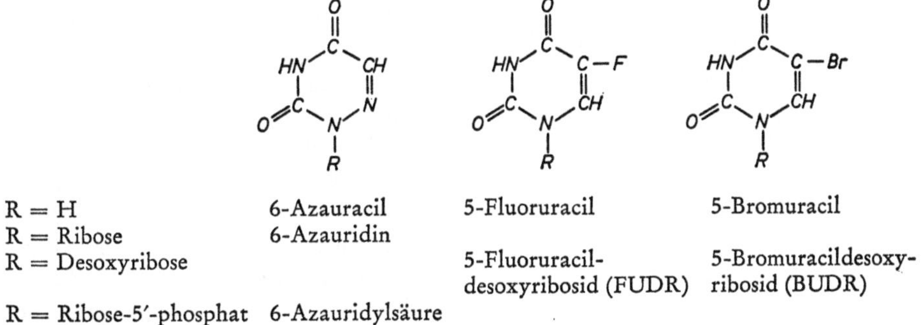

R = H   6-Azauracil   5-Fluoruracil   5-Bromuracil
R = Ribose   6-Azauridin
R = Desoxyribose   5-Fluoruracil-   5-Bromuracildesoxy-
                                   desoxyribosid (FUDR)   ribosid (BUDR)
R = Ribose-5′-phosphat   6-Azauridylsäure

läßt im allgemeinen darauf schließen, daß die Verbindung zwar selber unwirksam ist, jedoch in vivo, zum Beispiel in der Leber, in ein Produkt mit carcinostatischer Wirkung umgewandelt wird. Eine solche Aktivierung in vivo konnte für 6-Azauracil bestätigt werden; diese Verbindung ist in vitro unwirksam, wird aber in vivo teil-

weise in das Ribosid, 6-Azauridin, umgewandelt, das im Gegensatz zu Azauracil an
Zellkulturen eine beträchtliche Toxicität aufweist [631]. Diese unterschiedliche Wirk-
samkeit von freiem Azauracil und dessen Ribosid kommt dadurch zustande, daß die
Krebszellen Azauridin ebenso wie Uridin leicht durch Phosphorylierung in ihren
Nucleotid-Stoffwechsel einbeziehen, während die anabolen Reaktionen für die freien
Pyrimidine, Azauracil und Uracil, nur in geringem Umfange vor sich gehen [632].
Dadurch wird aus Azauridin in den Krebszellkulturen Azauridylsäure gebildet, die
eine Blockierung der Orotidylsäure-Decarboxylase bewirkt [303, 512] und dadurch
die Zellvermehrung hemmt. Das freie Azauracil dagegen wird in Zellkulturen nicht
in den für eine Hemmung erforderlichen Mengen in diese aktive Nucleotidform übergeführt. Anderseits werden im intakten Gesamtorganismus unter Mitwirkung normaler Zellen, beispielsweise in der Leber [362], aus Azauracil kleine Mengen des
Ribosids gebildet, die dann, entsprechend den Verhältnissen in vitro, eine carcinostatische Wirksamkeit ausüben. In Übereinstimmung mit dem beschriebenen Unterschied in der Überführung in die aktive Form zeigt Azauridin an transplantierbaren
Tumoren eine 10- bis 20fach erhöhte Wirksamkeit gegenüber Azauracil [362]. Beim
Cyclophosphamid scheint die Aktivierung in vivo im Gegensatz zu Azauracil auf
einer Spaltung der Verbindung zu beruhen, wobei die dabei ablaufende enzymatische
Reaktion noch nicht endgültig geklärt ist [62, 233].

**Beziehungen zwischen chemischer Struktur und biologischer Wirksamkeit von
Hemmstoffen.** Während Zellkulturen für die Erkennung der carcinostatischen Wirksamkeit einer Verbindung beschränkten Wert besitzen, haben sie sich sehr bewährt
bei der Bearbeitung von Fragen der Wirkung cytostatischer Stoffe auf cellulärer
Ebene. Ein solcher Fragenkomplex betrifft die Analyse der Beziehungen zwischen
chemischer Struktur und biologischer Wirksamkeit von Hemmstoffen. Besonders bei
Hemmstoffklassen, deren molekularer Wirkungsmechanismus noch nicht geklärt ist,
wie z. B. den Mitose-Hemmstoffen, bietet sich die intakte Zelle als das einfachste
Testobjekt dar, indem die damit erzielten Resultate nicht durch Unterschiede in der
Absorption, Verteilung und metabolischen Veränderung der Verbindung im Gesamtorganismus beeinflußt werden. So sind Zellkulturen mit gutem Erfolg zur Untersuchung von Derivaten des Colchicins herangezogen worden. Es hat sich dabei
gezeigt, daß bei Entfernung der gesamten Seitenkette an Ring B die Wirksamkeit
auf das 10fache erhöht wird [622]. Ebenso läßt sich die Methoxygruppe des Tro-
polonrings C ohne Verlust der Wirksamkeit durch eine freie oder alkylierte
Aminogruppe ersetzen [400]. Anderseits scheint die Carbonylgruppe des Tropolon-
rings für die biologische Wirkung unentbehrlich zu sein, und die Wirksamkeit wird
durch die Stellung dieser Carbonylgruppe maßgeblich beeinflußt [626].

Colchicin

Auch zur Untersuchung der Wirkung von Corticosteroiden sind Zellkulturen
herangezogen worden. Es hat sich nämlich gezeigt, daß Zellen von Mäuse-Lympho-
men in Kultur durch Nebennierenrinden-Hormone hemmbar sind [244, 361]. Dabei
ergab sich eine schöne Parallelität zwischen entzündungshemmender Aktivität in

vivo und Hemmung der Zellvermehrung in vitro, wobei Ausnahmen auf die metabolische Veränderung des betreffenden Steroids im Organismus zurückgeführt werden können [244].

Antagonismen zwischen Metaboliten und Antimetaboliten. Vielleicht die wichtigste Anwendung der Zellkulturen in der Pharmakologie betrifft die Aufklärung des Wirkungsmechanismus von krebshemmenden Stoffen. Eine wertvolle Möglichkeit für solche Untersuchungen besteht in der Analyse von Antagonismen zwischen Antimetaboliten und normalen Stoffwechselsubstanzen. Damit lassen sich oft sehr klare Erkenntnisse über den biochemischen Angriffspunkt eines Hemmstoffes gewinnen. So wird z. B. die Wirkung von 6-Azauridin durch Uridin aufgehoben, was beweist, daß die Hemmung der Zellvermehrung durch Azauridin auf einer Blockierung der Pyrimidin-Biosynthese beruht [631]. Ein weiteres interessantes Beispiel ist die Aufhebung der Wirkung des Folsäure-Antagonisten Amethopterin durch die Kombination von Thymidin, Glykokoll und einem Purin [283, 288]. Die Zugabe dieser drei Metaboliten, für deren Synthese in der Zelle die Beteiligung von Folsäure-Coenzymen erforderlich ist, macht den durch Amethopterin induzierten Mangel an Folsäure-Coenzymen wirkungslos.

Durch eine eingehendere Prüfung hinsichtlich des kompetitiven oder nicht-kompetitiven Charakters solcher Antagonismen läßt sich die Hemmwirkung eines Anti-

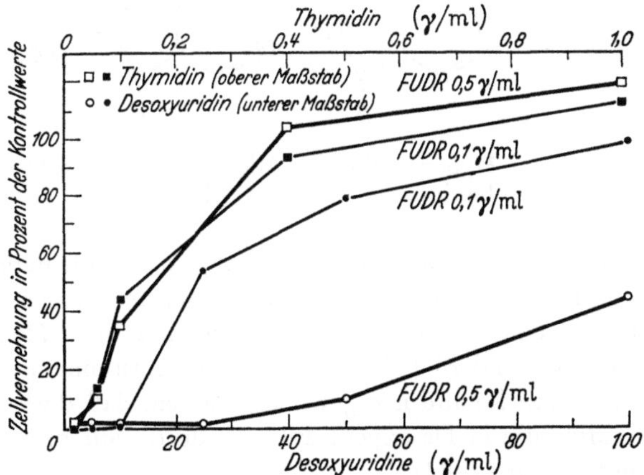

Abb. 4. Hemmwirkung von FUDR auf die Zellvermehrung und ihre Aufhebung durch Desoxyuridin und Thymidin (RICH, M. A., J. L. BOLAFFI, J. E. KNOLL, L. CHEONG, and M. L. EIDINOFF: Cancer Res. 18, 730, 1958)

metaboliten innerhalb einer Stoffwechsel-Reaktionskette oft sehr genau festlegen. Mit Hilfe des Produktes der durch den Antimetaboliten beeinflußten Enzymreaktion läßt sich nämlich im allgemeinen die Blockierung umgehen, so daß die Hemmung unabhängig von der Hemmstoffkonzentration („nicht-kompetitiv") aufgehoben wird. Bei Zugabe des Substrates der betreffenden Enzymreaktion dagegen hängt das Ausmaß der Hemmung von der Konzentration sowohl des Antimetaboliten als auch des Substrates ab, so daß ein „kompetitiver" Antagonismus zustande kommt.

Beispielsweise wird die Hemmung von Zellkulturen in Gegenwart von 5-Fluoruracil-desoxyribosid (FUDR) durch Thymidin „nicht-kompetitiv", durch Uridin dagegen „kompetitiv" aufgehoben, wie in Abb. 4 dargestellt [569]. Dieser Befund führt in Verbindung mit den Erkenntnissen über die Biosynthese des Thymins zur Schlußfolgerung, daß FUDR nach enzymatischer Phosphorylierung in der Zelle die Umwandlung von Desoxyuridylsäure in Thymidylsäure blockiert und damit die DNS-Synthese und Zellvermehrung hemmt. In ähnlicher Weise ist die Hemmwirkung von 6-Mercaptopurin und weiteren Purin-Analogen untersucht worden. Es zeigte sich dabei, daß die Hemmung durch Hypoxanthin in „kompetitiver" Weise, durch Adenin dagegen in „nicht-kompetitiver" Weise aufgehoben wird [286]. Dies weist darauf hin, daß 6-Mercaptopurin die Umwandlung von Inosinsäure (dem Ribonucleotid des Hypoxanthins) in Adenylsäure blockiert. Diese Hemmwirkung führt zu einem cytostatischen Effekt, falls die Biosynthese der Purine blockiert ist und die Zellen Hypoxanthin oder dessen Derivate aus der Nährlösung zur Deckung ihres Bedarfs an Purinen aufnehmen können. Wenn die Zellen dagegen in Abwesenheit exogener Purine diese selber synthetisieren, blockiert 6-Mercaptopurin bereits in wesentlich geringeren Konzentrationen eine der ersten Synthese-Reaktionen der Purin-Biosynthese, und die Hemmung der Zellvermehrung läßt sich unter diesen Bedingungen durch 4-Aminoimidazol-5-carboxamid, eines der frühen Zwischenprodukte dieser Reaktionskette, aufheben [287].

R = H   Hypoxanthin   Adenin   6-Mercaptopurin
R = Ribose-5′-phosphat Inosinsäure   Adenylsäure

Ein überraschender Befund war die Beobachtung, daß auch natürliche Metaboliten in höheren Konzentrationen als Antimetaboliten wirken können. So hemmt Thymidin in hoher Konzentration die Zellvermehrung, und diese Hemmung läßt sich mittels Desoxycytidin verhindern [479, 480]. In Übereinstimmung mit diesem Antagonismus an Zellkulturen konnte nachgewiesen werden, daß die enzymatische Umwandlung von Cytidylsäure in Desoxycytidylsäure durch eine phosphorylierte Form des Thymidins gehemmt wird [481].

Eine notwendige Einschränkung bei der Interpretation solcher Antagonismen ergibt sich allerdings aus der Überlegung, daß Antimetabolit und Metabolit nicht nur am intracellulären Enzym, sondern unter Umständen auch an einem „Carrier" beim Transport durch die Zellmembran konkurrieren können, so daß der Zusatz des Metaboliten den Eintritt des Hemmstoffes in die Zelle verlangsamt. Diese Möglichkeit ist wohl vor allem in solchen Fällen in Betracht zu ziehen, in denen die Analyse von Antagonismen an der intakten Zelle nicht mit den Ergebnissen enzymologischer Versuche in Einklang steht. Ein Beispiel dafür stellen die Folsäure-Antagonisten wie Amethopterin dar; Versuche an zellfreien Enzymsystemen haben als deren Angriffspunkt eine Hemmung der Hydrierung von Folsäure (bzw. Dihydrofolsäure) zu Tetrahydrofolsäure ergeben [128]. An Zellkulturen wurde jedoch ein kompetitiver Antagonismus zwischen Folsäure-Antagonisten und Folinsäure (einem Tetrahydroderivat der Folsäure) festgestellt [10, 289], obschon aus den enzymologischen Befunden ein nichtkompetitiver Antagonismus zu erwarten wäre. Tatsächlich scheint denn auch gerade bei den Folsäure-Antagonisten der Transport durch die Zellmembran auf einem spezifischen Mechanismus zu beruhen [738] und unter Umständen für deren Hemmwirkung im Zellinneren limitierend zu sein [226]. Die Vorstellung einer Kompetition zwischen Folinsäure und Folsäure-Antagonist für ein Transport-System der Zellmembran als Grundlage des Antagonismus hinsichtlich der Zellvermehrung ist allerdings experimentell bisher keineswegs gesichert [739].

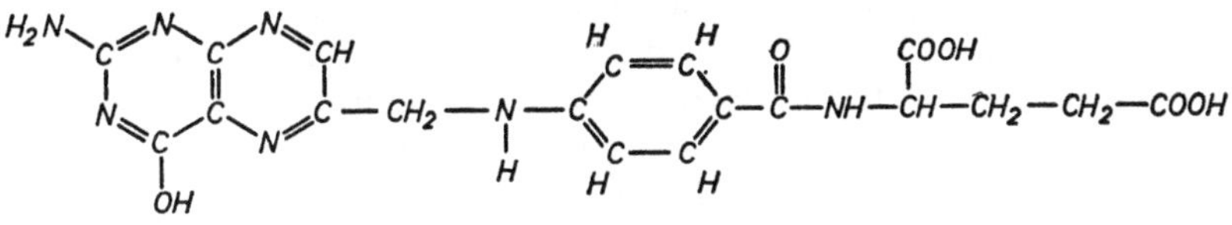

Folsäure

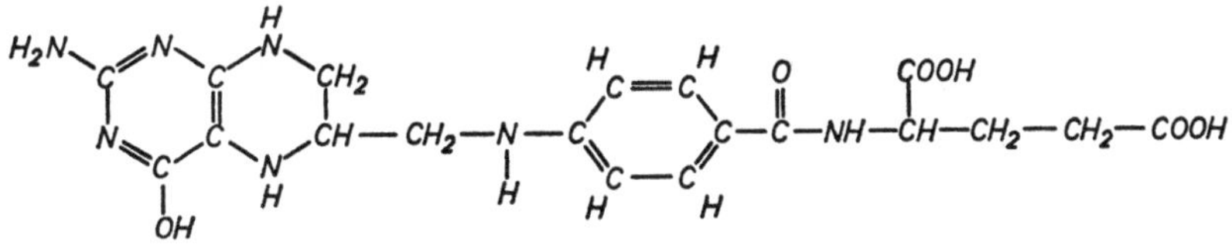

Tetrahydrofolsäure

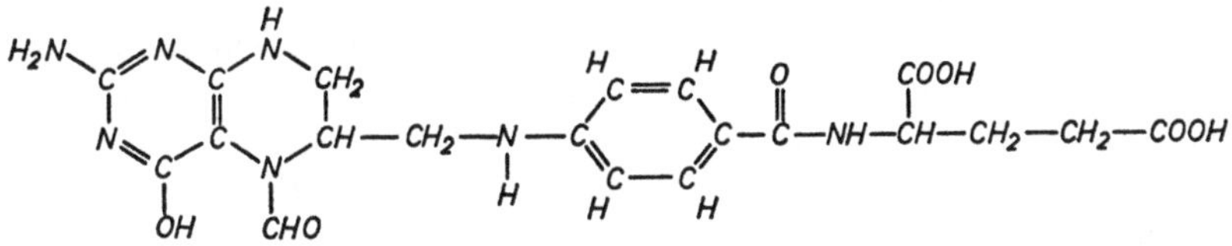

Folinsäure

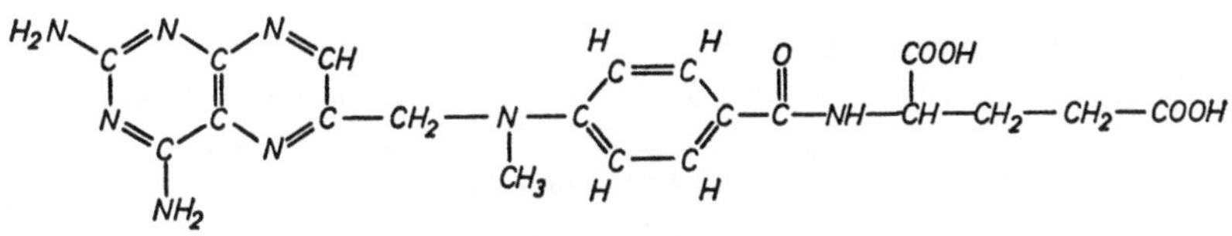

Amethopterin

Beeinflussung cellulärer Aktivitäten durch Hemmstoffe. Neben der Untersuchung von Antagonismen hat sich auch ein anderes Arbeitsprinzip als sehr nützlich für die Charakterisierung der Wirkung cytostatischer Substanzen erwiesen. Dieses besteht darin, daß die zeitlichen Veränderungen cellulärer Aktivitäten nach Zusatz eines Hemmstoffes verfolgt werden. Auf Grund solcher Versuche haben sich deutliche Unterschiede zwischen der Wirkungsweise von Stickstoffsenfgas und derjenigen von Dimethylmyleran als Vertreter zweier Gruppen biologischer Alkylierungsmittel ergeben, trotzdem die Reaktivität der beiden Verbindungen praktisch gleich ist. Nach

Zusatz von Stickstoffsenfgas hören nämlich die Zellteilungen augenblicklich auf, während bei Verwendung von Dimethylmyleran noch eine Zellteilung und damit eine Verdoppelung der Zellzahl vor dem Einsetzen des cytotoxischen Effekts beobachtet wird [8]. Auch die Veränderungen in der chemischen Zusammensetzung und in den enzymatischen Aktivitäten der Zellen nach Zusatz von Hemmstoffen sind Gegenstand vieler Untersuchungen geworden. Die durch Stickstoffsenfgas hervorgerufenen Effekte auf die Synthese von Nucleinsäuren und Proteinen gleichen in mancher Hinsicht denjenigen ionisierender Strahlen, wobei die Synthese von DNS stärker gehemmt wird als diejenige von RNS und Protein [61, 140, 406, 407]. Actinomycin D hat sich als spezifischer Hemmstoff für die Synthese der RNS erwiesen [238, 529, 563, 564, 686], während FUDR in Übereinstimmung mit den Befunden über den Antagonismus zu Thymidin [569] primär zu einer Hemmung der DNS-Synthese führt [523]. Auch für eine Reihe anderer Hemmstoffe, wie 8-Azaguanin [522], 2-Desoxyglucose [29] und Steroide [75, 244] liegen ähnliche Untersuchungen vor.

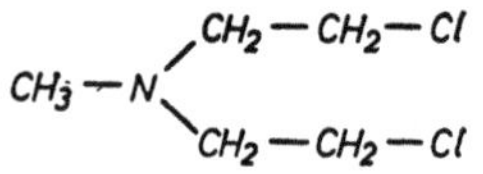

$$CH_3-N\Big\langle{{CH_2-CH_2-Cl}\atop{CH_2-CH_2-Cl}} \qquad\qquad CH_3-SO_2-O-\underset{\underset{CH_3}{|}}{CH}-CH_2-CH_2-\underset{\underset{CH_3}{|}}{CH}-O-SO_2-CH_3$$

Stickstoffsenfgas 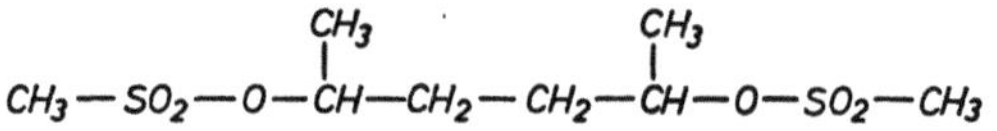   Dimethylmyleran

Von besonderem Interesse sind die Veränderungen der cellulären Reaktionen, welche nach Einbau von in Stellung 5 halogenierten Pyrimidinen in die Nucleinsäuren zustande kommen. Fluor hat einen ähnlichen Atomradius wie Wasserstoff, während das Brom-Atom hinsichtlich seines Volumens einer Methylgruppe vergleichbar ist. In Übereinstimmung damit benimmt sich 5-Fluoruracil als Uracil-analoge Verbindung und wird an Stelle von Uracil in die RNS eingebaut, während 5-Bromuracil und in geringerem Maße auch 5-Ioduracil von den Zellen an Stelle von Thymin für die Synthese der DNS verwendet werden können. Nach Blockierung der zelleigenen Synthese von Thymin in Zellkulturen durch Zusatz von FUDR oder Amethopterin wird in Gegenwart von 5-Bromdesoxyuridin (BUDR) fast ausschließlich Bromuracil an Stelle von Thymin in die neugebildete DNS eingebaut [193, 680]. Ein solcher vollständiger Ersatz des Thymins durch Bromuracil führt zwar nach einiger Zeit, meist bereits nach einer Zellteilung, zum Tode der Zellen [89, 284, 285, 421, 645], doch läßt sich bei gewissen Zellstämmen über 50% des Thymins ohne Schädigung der Zellen ersetzen [136, 680]. Die Toxicität von 5-Ioddesoxyuridin ist dagegen größer als diejenige von Bromdesoxyuridin, so daß der Ersatz des Thymins in der DNS durch Ioduracil weniger weit getrieben werden kann [136, 445]. Auch der Zusatz von Bromdesoxycytidin und Ioddesoxycytidin zum Kulturmedium führt zu einem Einbau von halogeniertem Uracil in die celluläre DNS, indem diese Antimetaboliten in den Zellen durch Desaminierung teilweise in die entsprechenden halogenierten Uracil-Verbindungen übergeführt werden [100, 101, 206].

Der Ersatz von Thymin durch Brom- oder Ioduracil in der DNS führt zu einer Reihe von Veränderungen im Verhalten der Zellen sowie in ihrer Beeinflußbarkeit: ihre Vermehrung ist gegenüber Zellen mit normaler DNS verlangsamt; außerdem führt der Ersatz des Thymins in der DNS durch Bromuracil zu einer bemerkenswerten Erhöhung der Empfindlichkeit gegenüber ionisierenden Strahlen [136]. Dieser

Effekt ist für die Analyse der Strahlenwirkung von großer Bedeutung geworden und wird im Abschnitt über Radiobiologie eingehender diskutiert werden. Die an Bakterien und Phagen beobachtete mutagene Wirkung des Einbaus von Bromuracil in die DNS [680] ist dagegen bisher für Säuger-Zellkulturen nicht beschrieben worden. Da halogenierte DNS eine erhöhte spezifische Dichte aufweist, kann die in Gegenwart von BUDR neu synthetisierte DNS von der bereits in den Zellen vorhandenen mit physikalisch-chemischen Methoden wie der Zentrifugierung in Dichtegradienten getrennt werden. Auf Grund dieser Eigenschaft ist es gelungen, für die DNS von Säugerzellen in Kultur den Nachweis der sogenannten semikonservativen Verdoppelung zu erbringen [136, 643], wie sie auf Grund des DNS-Modells von WATSON und CRICK zu erwarten ist.

Resistenz gegen Cytostatica. Zellkulturen haben schließlich auch bei der Analyse von Mechanismen der Resistenz gegen Cytostatica Anwendung gefunden. Wie bei Mikroorganismen hat sich ebenfalls bei tierischen Zellen gezeigt, daß die Resistenz gegenüber einem Hemmstoff in der Zelle genetisch verankert ist, und daß damit die Entstehung resistenter Zellpopulationen auf einer Selektion bereits vorhandener Mutanten beruht. Die Entstehung von Krebszellpopulationen, welche gegenüber bestimmten Hemmstoffen resistent sind, ist von großer praktischer Bedeutung in der Chemotherapie neoplastischer Erkrankungen, die dadurch in ihren Erfolgsmöglichkeiten in bedauerlicher Weise eingeschränkt wird [737]. Eines der Ziele beim Studium von Resistenz-Mechanismen besteht deshalb darin, im Hinblick auf das Problem einer wirksameren Therapie die biochemischen Unterschiede zwischen beeinflußbaren und resistenten Zellen kennenzulernen. Daneben führen die Erkenntnisse über die biochemischen Grundlagen einer Resistenz oft auch zu einer Verfeinerung unserer Vorstellungen über den Wirkungsmechanismus des betreffenden Hemmstoffes, indem zum Beispiel das Fehlen einer bestimmten Enzymaktivität in der resistenten Zelle auf eine notwendige Voraussetzung für das Zustandekommen der Hemmwirkung hinweist. Für die Entwicklung und Untersuchung resistenter Zellstämme kommen zwar neben Zellkulturen ebenfalls transplantierbare Tumoren in Betracht. Jedoch hat sich gezeigt, daß sowohl für eine quantitative Analyse der Resistenz-Entstehung wie auch für die Untersuchung des Resistenz-Mechanismus Zellkulturen im allgemeinen geeigneter sind.

Als Grundlage für die Resistenz gegen Folsäure-Antagonisten wie Amethopterin sind zwei verschiedene Mechanismen beschrieben worden. Der eine beruht auf der Fähigkeit der resistenten Zelle, Folsäure-Reductase in stark erhöhten Mengen zu produzieren [225, 289]. Dieses Enzym wird durch Folsäure-Antagonisten spezifisch gehemmt und vermag seinerseits diese Hemmstoffe sehr fest zu binden. Durch entsprechende Überproduktion sorgt somit die Zelle dafür, daß nach Bindung des in die Zelle eingetretenen Antagonisten noch genügend freies Enzym übrigbleibt. Der zweite für die Amethopterin-Resistenz in Betracht kommende Mechanismus betrifft eine verminderte Fähigkeit der Zelle, den Hemmstoff durch die Zellmembran aufzunehmen [226]. Offenbar können also zwei völlig verschiedenartige Mutationen zur Resistenz gegenüber ein und demselben Hemmstoff führen.

Eine ganz ähnliche Situation herrscht bei der Resistenz gegen 6-Mercaptopurin vor, indem auch hier zwei verschiedene Mechanismen beschrieben worden sind: einerseits kann eine Resistenz durch Verlust desjenigen Enzyms zustande kommen, das für die Umwandlung von 6-Mercaptopurin in das entsprechende Ribonucleotid verantwortlich ist [63, 714]; gleichzeitig geht damit auch die Fähigkeit zur Synthese der Nucleotide aus den normalen Purinbasen Hypoxanthin und Guanin verloren. Die Zellproliferation wird durch die Abwesenheit dieses Enzyms nicht beeinträchtigt, da die Biosynthese des Puringerüsts durch die Zelle von Anfang an auf der Nucleotid-stufe und damit unter Umgehung freier Purinbasen als Zwischenstufen erfolgt. Ebenfalls bei Resistenz gegen 8-Azaguanin läßt sich ein Verlust oder eine Abnahme der für den Aufbau der Nucleotide aus Hypoxanthin und Guanin verantwortlichen Enzymaktivität beobachten [64, 416, 420]. Dies deutet darauf hin, daß diese Purin-Antagonisten ihre Hemmwirkung in Form eines Nucleotids ausüben und daß dasselbe Enzym für die Überführung von Hypoxanthin, Guanin, sowie von 6-Mercaptopurin und 8-Azaguanin in die Nucleotidform verantwortlich ist. Neben diesem Enzymverlust besteht als zweite Möglichkeit für die Ausbildung einer Resistenz gegenüber 6-Mercaptopurin wiederum eine verminderte Fähigkeit der Zelle, den Hemmstoff durch die Zellmembran ins Innere zu transportieren, wobei allerdings für diese Vorstellung bisher nur indirekte Beweise vorliegen [513, 514].

8-Azaguanin   2,6-Diaminopurin

Es ist offenbar für Purin- und Pyrimidin-Analoge allgemein charakteristisch, daß sie ihre Hemmwirkung erst nach Überführung in eine Nucleotid-Form ausüben können. In Übereinstimmung mit dieser Vorstellung ist für einen 6-Azauridin-resistenten Zellstamm die Fähigkeit zur Synthese der entsprechenden Nucleotide aus 6-Azauridin wie auch aus Uridin beeinträchtigt [511], während bei Resistenz gegen FUDR [480] sowie BUDR [141, 376] die Phosphorylierung dieser Hemmstoffe sowie von Thymidin zu den entsprechenden Nucleotiden nicht mehr vor sich geht. Schließlich wurde auch eine Korrelation zwischen der Resistenz gegen 2,6-Diaminopurin und der Unfähigkeit zur Umwandlung von Adenin in die Nucleotidform gefunden [416].

5. Genetisches Verhalten

Die „klassische" Genetik mehrzelliger Organismen hat sich vor allem mit dem genetischen Verhalten der Keimzellen befaßt, das als Phänotyp in den Merkmalen des Gesamtorganismus zum Ausdruck kommt. In Ergänzung dazu haben Zellkulturen nun die Möglichkeit eröffnet, genetische Fragestellungen an somatischen Zellen in vitro zu untersuchen [542]. Die Genetik somatischer Zellen steht wohl heute noch in den ersten Anfängen, dürfte jedoch in Zukunft in entscheidender Weise zu den Fragen der embryologischen und postnatalen Differenzierung sowie der Carcinogenese beitragen.

Chromosomale Konstitution. Was die Struktur des Chromosomensatzes anbetrifft, ist bei einer großen Zahl von Zellstämmen ein Abweichen von der diploiden

Konstitution in der Richtung polyploider und heteroploider Varianten beobachtet und zum Teil sehr eingehend untersucht worden [47, 236, 350, 401, 578]. Immerhin treten solche Abweichungen von der in vivo vorherrschenden Chromosomenkonstitution in kurzfristigen Kulturen im allgemeinen noch nicht auf, so daß es durchaus möglich ist, an Primärkulturen tierischer und menschlicher Zellen die Chromosomenstruktur und deren kongenitale Abweichungen zu analysieren [351, 352, 497] und mit bestimmten Krankheitsbildern wie dem Mongolismus [360] in Beziehung zu bringen. Bei Einhaltung besonders strenger Kulturbedingungen, insbesondere unter Verwendung von fetalem Serum im Nährmedium, gelingt es jedoch auch, Zellkulturen während vieler Monate unter Erhaltung der euploiden Konstitution zu züchten [220, 314, 533, 547, 548, 706, 758].

Genetische Konstanz und Mutabilität. Im Gegensatz zu der offensichtlichen Tendenz von Zellkulturen, die Chromosomenstruktur zu variieren, steht eine erstaunliche genetische Konstanz der Zellen in vitro in bezug auf einzelne, vor allem biochemische, Merkmale. So bleiben spezifische kongenitale Enzymdefekte, wie diejenigen der Galaktosämie [388, 389], der Akatalasie [378, 387] und der „Maple-syrup-urine"-Krankheit [107], bei der Herstellung von Zellkulturen aus Biopsie-Material des betreffenden Patienten in den in vitro gezüchteten Zellen erhalten. Ebenso verhält es sich mit Species-spezifischen immunologischen Charakteristiken [57, 58, 59, 95, 241, 270, 326, 498, 671] sowie Histokompatibilitäts-Isoantigenen [73, 74, 438, 439] und Blutgruppen-Antigenen [372] der Zellen in Kultur. Dies deutet darauf hin, daß offenbar die genotypische Konstitution der somatischen Zellen während der Kultur in vitro trotz der Variabilität des Chromosomensatzes in mancher Hinsicht erhalten bleibt.

Anderseits besitzen jedoch, ähnlich wie Mikroorganismen, auch Säugerzellen die Fähigkeit zur Ausbildung von Mutanten. Bisher ist in erster Linie die Entwicklung von solchen Zellstämmen, die gegen bestimmte Hemmstoffe resistent sind, untersucht worden. Je nach der Art des verwendeten Hemmstoffes kommt dabei die Resistenz durch eine einzelne Mutation oder aber durch eine Serie aufeinanderfolgender Mutationen zustande, wie dies auch bei den Mikroorganismen, zum Beispiel für die Streptomycin-Resistenz als Gegenstück zur Penicillin-Resistenz, beobachtet worden ist. An Zellkulturen wurde die Ausbildung resistenter Zellen in einem einzelnen Mutationsschritt im Falle von Azaguanin beschrieben [414, 683], während von anderer Seite drei solche Mutationsschritte für die Ausbildung einer Resistenz gegen diesen Hemmstoff beobachtet wurden [572]. Im Gegensatz dazu kommt die Resistenz zu anderen Hemmstoffen wie Amethopterin [224, 572] oder Puromycin [414] in einer größeren Zahl aufeinanderfolgender Mutationsschritte zustande, deren jeder nur eine geringe Zunahme der Resistenz zur Folge hat. Bei der Entstehung resistenter Zellen sind auch verschiedentlich die Mutationsraten bestimmt worden, wobei sich Werte in der Größenordnung von 10^{-6} bis $5 \cdot 10^{-4}$ Mutationen pro Zelle pro Zellgeneration ergaben [415, 679]. Diese Arbeiten haben weiterhin in Bestätigung von Versuchen an transplantierbaren Tumoren [394] gezeigt, daß die Mutationen in Abwesenheit des Hemmstoffs und damit unabhängig von diesem erfolgen. Neben der Resistenz gegen Cytostatica hat sich weiterhin die Resistenz gegenüber der Cytotoxicität von Antiseren [323], die Resistenz gegenüber Virus-Infektionen [117, 395, 718, 719] sowie die chromosomale Morphologie [472] als brauchbares genetisches Merkmal von Zellen in Kultur erwiesen.

Genetischer Austausch und DNS-induzierte genetische Transformation. Neben der Mutabilität ist auch die Frage nach der Möglichkeit eines genetischen Austausches zwischen somatischen Zellen in vitro untersucht worden. Es konnte gezeigt werden, daß in einer aus zwei verschiedenen Zellstämmen bestehenden gemischten Kultur „hybride" Zellen entstehen. Diese vereinigen in sich Merkmale der beiden ursprünglichen Zellstämme hinsichtlich morphologischer und biologischer Eigenschaften sowie der Fähigkeit zur Erzeugung von Tumoren [*36, 37*]. Es liegen auch mikrokinematographische Beobachtungen an Zellkulturen über die Übertragung von Zellkernen von einer Zelle in eine andere vor, die für die Entstehung hybrider Zelltypen eine morphologische Deutung bieten [*34*].

Von hoher Aktualität ist schließlich die genetische Transformation an Zellkulturen, d. h. die Übertragung genetischer Merkmale auf eine Säugerzelle durch Zugabe von Desoxyribonucleinsäure, die aus einer Mutante der betreffenden Zellinie stammt. Während die genetische Transformation bei Mikroorganismen schon seit längerer Zeit bekannt ist [*13*], haben sich entsprechende Untersuchungen an Zellkulturen als recht schwierig und zum Teil auch als schwer interpretierbar erwiesen [*56*]. Eine Reihe von Kunstgriffen hat sich bei einem kürzlich beschriebenen Nachweis der DNS-induzierten genetischen Transformation an Säugerzellen bewährt: erstens die Wahl der durch eine Einzel-Mutation bedingten Resistenz gegen Azahypoxanthin als genetisches Merkmal; zweitens die Verwendung der durch den Gewinn eines Enzyms, nämlich der Inosinsäure-pyrophosphorylase, charakterisierten Mutation von Azahypoxanthin-Resistenz zu Azahypoxanthin-Empfindlichkeit als Testsystem für die transformierende Wirkung der DNS, wobei die spontane Mutationsrate dieser Umwandlung zudem außerordentlich niedrig ist; drittens die Benützung eines Mediums (enthaltend Amethopterin in Kombination mit Hypoxanthin und Thymidin), das die Vermehrung der Azahypoxanthin-resistenten Zellen selektiv verhindert; und schließlich der Zusatz einer polybasischen Komponente wie Spermin zum Medium, wodurch vermutlich die Aufnahme (z. B. durch Pinocytose) der transformierenden DNS durch die Zellen verbessert wird [*354, 681, 682*]. Dieser Nachweis der genetischen Transformation von Säugerzellen eröffnet für die Genetik somatischer Zellen ganz neue Möglichkeiten und ist insbesondere auch als Beweis für die genetische Basis der Resistenz gegen Hemmstoffe von großer Bedeutung. Daneben dürfte die Möglichkeit der genetischen Transformation somatischer Zellen durch zugeführte DNS auch auf dem Gebiet der Virus-induzierten Carcinogenese zu neuen Gesichtspunkten führen.

6. Spezifische Zellfunktionen

Organkulturen, in welchen intakte Gewebs- oder Organstückchen mit erhaltener Architektur des Zellverbandes in vitro zur Untersuchung kommen, lassen im allgemeinen spezifische Zellfunktionen sehr leicht erkennen [*218*]. Im Gegensatz dazu sind bisher an Zellkulturen erstaunlich wenige Beispiele bekannt geworden, in denen spezifische Zellfunktionen bei fortgesetzter Kultur in vitro erhalten bleiben.

Der Begriff der spezifischen Zellfunktion betrifft in diesem Zusammenhang solche celluläre Leistungen, die für die Erhaltung und Vermehrung der Einzelzellen nicht notwendig sind, sondern erst in der Zell-Symbiose des Gesamtorganismus von Bedeutung werden. So ist die Proliferationstätigkeit mancher Zelltypen, z. B. der

Stammzellen der Erythro- und Leukopoese, zwar im intakten Organismus zweifellos als „Funktion" der betreffenden Zellen im weitesten Sinne aufzufassen; unter den Bedingungen in vitro, zum mindesten bei Vernachlässigung der aus der Zellproliferation hervorgehenden differenzierten Zellformen, ist sie jedoch gemäß der gegebenen Definition nicht mehr als spezifische Zellfunktion zu erkennen. Da auch die morphologischen Eigenschaften unter den Kulturbedingungen kaum als ausreichendes Kriterium für die Erhaltung von Zellfunktionen zu betrachten sind, kommen dafür in erster Linie biochemische Aktivitäten in Frage. Die neoplastische Infektivität, die zwar in vielen Fällen unter den Kulturbedingungen erhalten bleibt, ist dagegen wohl nur mit Vorbehalten als „Zellfunktion" aufzufassen.

Beobachtungen über den Verlust spezifischer Zellfunktionen in Zellkultur. In Kulturen, die aus normalen Geweben hergestellt werden, wachsen im allgemeinen Zellen mit epithelialer oder mit fibroblastähnlicher Morphologie aus, wobei meist die spezifischen biochemischen Aktivitäten, wie sie beispielsweise an der Leber besonders gut untersucht sind, bald nicht mehr nachgewiesen werden können. Ein solcher aus Leber hervorgegangener Zellstamm wies zwar einen relativ hohen Glykogen-Gehalt auf, hatte dagegen die wohl spezifischere Fähigkeit der Inaktivierung von Oestradiol verloren [211, 740], und bei einem anderen, ebenfalls aus Lebergewebe hervorgegangenen Zellstamm [84] waren mehrere für dieses Organ spezifische Enzyme in den Zellen in Kultur nicht mehr nachweisbar [12, 532]. An Kulturen von Leber aus Hühnerembryonen ist zudem gezeigt worden, daß das für Leber typische Bild des Kohlenhydrat-Stoffwechsels bereits während der ersten 24 Std in vitro verloren geht [524]. Für Kulturen von Zellen vieler anderer Gewebe, wie der Milchdrüse [186], der Niere [71, 411, 562], oder von embryonalem Muskelgewebe [534], ließ sich ein ähnlicher Verlust spezifischer Synthese-Fähigkeiten oder des typischen Enzym-Musters beobachten. Weitere Beispiele sind: an Kulturen von Knochenmarkszellen in vitro der Verlust der Fähigkeit, Mäuse vor den Folgen einer letalen Strahlendosis zu schützen [49]; an Kulturen von Nierenzellen der Verlust Nieren-spezifischer Antigene [736]; an Kulturen von Knorpelzellen der Verlust der Fähigkeit zur Bildung von Knorpelgewebe bei Inkubation unter Organkultur-Bedingungen [343].

Schon CARRELs Versuche an Kulturen von embryonalem Herzgewebe haben ergeben, daß die rhythmischen Kontraktionen des Gewebsstückes zwar während einiger Zeit in Kultur fortgesetzt werden, mit fortschreitender Zellproliferation in vitro jedoch schließlich aufhören [77]. Eine solche kurzfristige Erhaltung spezifischer Zellfunktionen in Zellkulturen, die mit fortschreitender Zellvermehrung in vitro verloren gehen, ist nicht nur für Herzmuskelzellen [293, 294, 304, 305, 306], sondern auch für einige weitere Zellarten, wie z. B. Zellen des Nebennierenmarks [330] sowie bei der Antikörper-Produktion durch Milzzellen (nach anamnestischer Stimulation in vivo) [134, 149, 716] und durch Zellen aus Peritoneal-Exsudaten [456] beschrieben worden. Daneben bleiben in gewissen Fällen die spezifischen Funktionen von Zellen zwar über längere Zeit erhalten, jedoch findet dabei keine wesentliche Vermehrung der betreffenden Zellart statt.

Erklärungsmöglichkeiten für den Verlust spezifischer Zellfunktionen. Es stellt sich die Frage nach den Gründen für den in so vielen Fällen beobachteten Verlust spezifischer Zellfunktionen in Zellkulturen mit fortgesetzter Zellvermehrung. Es bestehen dafür in erster Linie zwei Möglichkeiten: die erste betrifft eine Entdifferenzierung der Zellen unter den Bedingungen in vitro, wobei unter dem Begriff der

Entdifferenzierung der Verlust der spezifischen morphologischen und biochemischen Merkmale einer differenzierten Zelle ohne Beeinträchtigung ihrer Lebensfähigkeit zu verstehen ist. Von älteren Arbeiten her besteht dabei die Vorstellung, daß Funktion und Zellvermehrung sozusagen antagonistische Prozesse in der Zelle darstellen, die nicht gleichzeitig miteinander vereinbar sind [137], und auch neuere Beobachtungen an Retina-Pigmentzellen in Kultur weisen auf eine inverse Korrelation zwischen Vermehrungsrate und Melanin-Produktion hin [749]. Als zweite Möglichkeit für den Verlust der spezifischen Zellfunktionen kommt ein Überwuchern von Begleitzellen in Frage, die unter den Bedingungen in vitro besser zur Vermehrung befähigt sind, denen jedoch die Fähigkeit zur Ausübung der betreffenden Funktion von vornherein fehlt. Das Problem der Zellfunktion steht somit in engem Zusammenhang mit der Frage nach den Beziehungen zwischen der Zellpopulation eines Gewebes in vivo und der Population einer daraus hervorgegangenen Zellkultur.

Die Bedeutung der Selektion für den Verlust spezifischer Zellfunktionen. Es hat sich gezeigt, daß in den meisten Fällen unter den Bedingungen in vitro nur ein geringer Teil der Zellen imstande ist, sich fortgesetzt zu vermehren, und daß deshalb von Anfang an eine intensive Selektion stattfindet [536, 609, 761]. Dies äußert sich unter anderem darin, daß das exponentielle Wachstum erst nach Ablauf einer oft recht langen Latenzperiode nach Inkubation der Primärkultur einsetzt, wie beispielsweise im Falle des Mäuse-Sarkoms-180 [230]. Anderseits kommt es in der Primärkultur mit Fortschreiten derselben oft zu einer Änderung der Eigenschaften der Zellpopulation, die nicht nur auf einer Selektion präexistierender Zelltypen, sondern auch auf einer erst einige Zeit nach Ansetzen der Primärkultur erfolgenden Alteration einzelner Zellen zu beruhen scheint und die für die betreffenden Zellen die Befähigung zu fortgesetzter exponentieller Vermehrung mit sich bringt [83, 313, 707, 741]. Da diese Alteration der Proliferationsfähigkeit auf die Nachkommen der betreffenden Zellen übertragen wird, besteht die Möglichkeit, daß es sich dabei um eine Mutation handelt.

Die Selektion, vielleicht verbunden mit solchen „Mutationen", führt mit fortschreitender Kultur oft zu einer Änderung der Eigenschaften der Zellpopulation: so ist bei der Kultur eines Zellstammes mit neoplastischen Eigenschaften eine allmählich fortschreitende Abnahme der neoplastischen Infektivität beobachtet worden [121, 347, 602]. Daneben kommt es häufig in Kulturen normaler Zellen zum Auftreten von Zellen mit malignen Eigenschaften, die sich dann in vivo wie Zellen eines transplantierbaren Tumors verhalten [249, 401, 595, 601, 605]. Dies deutet ebenfalls darauf hin, daß in der Kultur offenbar Mutationen für eine Änderung der Zellcharakteristiken verantwortlich sind. Besonders augenfällig äußert sich dieser Sachverhalt im bereits beschriebenen Auftreten von Zellen mit veränderter Chromosomenstruktur bei fortgesetzter Kultur in vitro.

Anderseits setzt sich mehr und mehr die Ansicht durch, daß solche Veränderungen der Zellcharakteristiken nicht durch die Kultur in vitro an sich bedingt sind, sondern auf dem Fehlen optimaler Kulturbedingungen für die betreffende Zellpopulation beruhen. Dabei betrifft das Problem der optimalen Bedingungen in erster Linie die Zusammensetzung der Nährlösung. So ist gezeigt worden, daß Fibroblastenkulturen über lange Zeit ihre Chromosomenstruktur unverändert beibehalten, wenn das Nährmedium unter Zusatz von Embryo-Extrakt oder fetalem Serum den Bedürfnissen der Zellen ausreichend angepaßt wird [220, 314, 547, 548, 706, 758]. Gleicherweise ist es in den letzten Jahren durch Anpassung der Nährlösung an die speziellen Bedürfnisse des betreffenden Zellstammes möglich geworden, eine Reihe von transplantierbaren Tumoren praktisch ohne Latenzzeit in vitro zu züchten [223, 451, 630]. Die Bedeutung der Selektion für das Fehlen spezifischer Funktionen in Zellkulturen ist somit mit Sicherheit erwiesen; jedoch läßt sich damit die zusätzliche Möglichkeit einer Entdifferenzierung der Zellen unter den Bedingungen in vitro nicht ausschließen. Beispielsweise ist die Beobachtung, daß in Kulturen von Milchdrüsenzellen einzelne spezifische biochemische Aktivitäten, wie die Synthese von Lactose und von Lactoglobulin, verschieden rasch verloren gehen [186], nur unter zusätzlichen Annahmen auf Grund einer Selektion zu erklären.

Um die eventuelle Bedeutung einer Entdifferenzierung beim Verlust von spezifischen Zellfunktionen in vitro abzuklären, ist es deshalb wünschbar, das Schicksal unter den Kulturbedingungen an solchen Zelltypen zu verfolgen, die neben der für die spezifische Funktion verantwortlichen Aktivität noch ein weiteres Merkmal besitzen, auf Grund dessen sie von Begleitzellen unterschieden werden können. Als solches Merkmal steht die neoplastische Infektivität isolog transplantierbarer Tumoren im Vordergrund, da sie leicht quantitativ bestimmt werden kann und in Zellkultur tatsächlich mindestens während einiger Zeit erhalten bleibt [223, 630]. Transplantierbare Tumoren, in denen eine spezifische Zellfunktion der entsprechenden normalen Zellen nachweisbar ist, stellen somit ein außerordentlich wertvolles Modellsystem dar, an dem sich die Bedeutung von Selektion und Entdifferenzierung für den Verlust von spezifischen Zellfunktionen in Zellkulturen abklären läßt.

Spezifische Zellfunktionen in Kulturen neoplastischer Mastzellen. Am eingehendsten ist die Frage der Erhaltung spezifischer Zellfunktionen in vitro am Beispiel eines Mäuse-Mastocytoms [148] untersucht worden, dessen Zellen entsprechend den normalen Mastzellen Histamin, Heparin und in Mäusen ebenfalls Serotonin produzieren [651] und in ihren Granula speichern. Es zeigte sich, daß die Zellen dieses Mastocytoms zwei ungewöhnliche Nährbedürfnisse aufweisen, durch die sie sich von anderen Zellstämmmen in charakteristischer Weise unterscheiden: einerseits ist für das Wachstum der neoplastischen Mastzellen in Kultur eine außerordentlich hohe Konzentration von Folsäure oder Folinsäure erforderlich [630], anderseits besteht ein Bedürfnis für Serin, eine Aminosäure, welche die meisten Zellstämme in genügendem Ausmaß selber synthetisieren können [624]. Bei Verwendung eines Nährmediums, das diesen beiden ungewöhnlichen Nährbedürfnissen Rechnung trägt, setzt jedoch die exponentielle Vermehrung der neoplastischen Mastzellen bereits nach einer Latenzperiode von nur ein bis zwei Tagen ein und wird darauf mit einer Generationszeit fortgesetzt, welche unter günstigen Bedingungen nur ungefähr 10 Std beträgt. Infolge der kurzen Latenz kommt in der Kultur eine Zellpopulation zustande, die derjenigen des Tumors in vivo weitgehend entspricht, und eine Selektion durch die Kulturbedingungen ist dadurch nahezu vollständig verhindert.

Die neoplastischen Mastzellen zeigen in Kultur auch darin ein ungewöhnliches Verhalten, daß sie nicht wie die meisten anderen Zellstämme an der Glasoberfläche der Kulturgefäße anhaften. Dadurch ist es möglich, sie von sämtlichen Begleitzellen abzutrennen, so daß Zellpopulationen erhalten werden, die ausschließlich aus neoplastischen Mastzellen bestehen. In solchen Kulturen wurde nun in regelmäßigen Zeitabständen einerseits die neoplastische Infektivität, anderseits der Gehalt an Histamin und Serotonin als Ausdruck der spezifischen Funktionen der Zellen bestimmt. Wie in Tab. 3 dargestellt, blieb der Gehalt an Histamin und Serotonin ebenso wie die neoplastische Infektivität während 40 Zellgenerationen bzw. während einer 10^{12}-fachen Vermehrung vollständig erhalten [630].

Tabelle 3. *Eigenschaften neoplastischer Mastzellen bei fortgesetzter Kultur in vitro* (SCHINDLER, R., M. DAY, and G. A. FISCHER: Cancer Res. 19, 47, 1959)

Anzahl Zell-generationen	Vermehrung	Serotonin $\gamma/10^6$ Zellen	Histamin $\gamma/10^6$ Zellen	Tumorproduktion nach Injektion von 100 Zellen pro Maus % der Versuchstiere
0	—	0,04	0,12	100
10	10^3	0,09	0,18	
20	10^6	0,10	0,14	100
30	10^9	0,19	0,18	
40	10^{12}	0,19	0,54	100

Daraufhin wurden die Kulturen ununterbrochen während vier Jahren fortgeführt, und während dieser Zeit blieben die spezifischen Zellfunktionen der Histamin- und Serotonin-Synthese ebenfalls nachweisbar, allerdings unter zeitlichen Schwankungen im Gehalt der Zellen an diesen Aminen und an Heparin [122, 265, 266]. Durch eine zufällige Selektion sowie durch Züchtung von Kulturen aus Einzelzellen konnten außerdem Zell-Linien erhalten werden, deren Syntheseleistungen gegenüber dem ursprünglichen Zellstamm wesentlich erhöht waren [265, 630]. Da der Gehalt des Nährmediums an Histamin, Serotonin und Heparin zu gering ist, als daß die beobachtete Zunahme dieser Substanzen innerhalb der Zellen im Laufe der Zellvermehrung durch Konzentrierung aus dem Milieu hätte erfolgen können, kommt nur eine aktive Syntheseleistung der Zellen in Frage. Die Synthese von Serotonin durch die neoplastischen Mastzellen in Kultur konnte außerdem mit Hilfe von markiertem Tryptophan nachgewiesen werden [618]. Der Gehalt der Zellen an Serotonin läßt sich im übrigen auch durch pharmakologisch wirksame Agentien wie Aminoxydase-Hemmstoffe oder Reserpin beeinflussen [138].

Es bleibt noch zu erwähnen, daß in verschiedenen Laboratorien im Laufe der Zeit eine allmähliche Abnahme der spezifischen Syntheseleistungen der Mastocytomzellen beobachtet worden ist. Jedoch scheint diese Entdifferenzierung nicht mit den Bedingungen der Zellkultur zusammenzuhängen, da sie auch bei der fortgesetzten Transplantation des Mastocytoms in Mäusen zustandekam. Diese Änderung der spezifischen Eigenschaften dürfte somit dem bekannten Phänomen der Tumor-Progression [237] entsprechen. Auch bei fortgesetzter Kultur von Hepatomen, Melanomen und Schilddrüsentumoren wurde beobachtet, daß nach Reinjektion in vivo nicht mehr die spezifischen Tumoren entstanden, sondern solche, die morphologisch von Sarkomen nicht zu unterscheiden waren [606], wobei in diesen Fällen allerdings noch andere Interpretationen in Frage kommen.

Zusammenfassend haben die Ergebnisse an Kulturen neoplastischer Mastzellen gezeigt, daß eine rasche Zellvermehrung in Zellkultur durchaus mit der Ausübung spezifischer Funktionen durch die betreffenden Zellen vereinbar ist. Für die erfolgreiche Kultur der neoplastischen Mastzellen scheinen jedoch zwei methodische Voraussetzungen wesentlich: einerseits die Verwendung eines modifizierten Nährmediums, welches den besonderen Nährbedürfnissen Rechnung trägt, anderseits die Abtrennung der neoplastischen Mastzellen von andersartigen Begleitzellen, wodurch ein Überhandnehmen von nicht-spezialisierten Zellen über die spezialisierten Tumorzellen, d. h. eine Selektion unerwünschter Zelltypen, verhindert wird.

Spezifische Zellfunktionen in Kulturen von Bindegewebszellen und von malignen Lymphoblasten. Beim Ansetzen von Primärkulturen aus normalen Geweben kommt in der Mehrzahl der Fälle eine Zellpopulation aus sogenannten „Fibroblasten" zustande, von denen man annimmt, daß sie aus Bindegewebszellen hervorgegangen sind. Es ist deshalb nicht erstaunlich, daß ebenfalls biochemische Funktionen von Bindegewebszellen in gewissen langfristigen Kulturen beobachtet worden sind. Es konnte beispielsweise gezeigt werden, daß die Produktion von sauren Mucopolysacchariden in Kulturen von Fibroblasten aus Knochengewebe neugeborener Ratten während drei Jahren unvermindert fortgesetzt wird [478], wobei die Fähigkeit zur Synthese dieser spezifischen Zellprodukte auch nach Isolierung einzelner Zellen und deren Weiterzüchtung zu genetisch einheitlichen Populationen erhalten blieb [119]. Ähnliche Resultate liegen auch an Kulturen aus Synovia und anderen Geweben vor [80, 81, 272]. Wie bei den neoplastischen Mastzellen wurde auch bei solchen Fibroblasten kein Antagonismus zwischen Vermehrung und Zellfunktion beobachtet, indem im allgemeinen unter Bedingungen, die die Zellvermehrung beeinträchtigen, ebenfalls die Synthese der Mucopolysaccharide vermindert ist [119, 478]. Anderseits ließ sich in Kulturen menschlicher Bindegewebszellen die Synthese saurer Mucopolysaccharide durch Nebennieren-Steroide weitgehend unterdrücken, ohne daß die Zellvermehrung dabei beeinträchtigt worden wäre [82]. 17-β-Oestradiol dagegen führte zu einer Zunahme der Produktion saurer Mucopolysaccharide unter gleichzeitiger Hemmung der Zellproliferation [502].

An anderen Fibroblasten-Kulturen wurde ein Bildung von Kollagen-Fasern beobachtet [256, 463], und es konnte nachgewiesen werden, daß in bestimmten Zellstämmen dieselben Zellen sowohl Hyaluronsäure als auch Kollagen synthetisieren [264]. Es zeigte sich außerdem, daß bei rascher Zellvermehrung praktisch keine Kollagen-Synthese stattfindet, sondern daß diese erst dann einsetzt, wenn die Monolayer-Kulturen nach der Wachstumsphase in das stationäre Stadium eingetreten sind [263]. Im Gegensatz zur Synthese von Mucopolysacchariden scheint also bei der Kollagen-Synthese ein Antagonismus zwischen Zellfunktion und Zellvermehrung zu bestehen.

Als weiteres Beispiel für die Erhaltung spezifischer Zell-Charakteristiken in vitro ist schließlich die Empfindlichkeit von Kulturen lymphatisch-leukämischer Zellen auf Nebennierensteroide zu erwähnen [243, 244, 361]. Die Lymphoblasten unterscheiden sich in dieser Hinsicht in bemerkenswerter Weise von Zellkulturen anderen Ursprungs, während bei der Empfindlichkeit auf andere Hemmstoffe keine solchen Unterschiede beobachtet wurden [243].

Differenzierungsvorgänge in Zellkultur. Ein besonders interessanter Gesichtspunkt in der Frage der Zellfunktionen in Zellkulturen stellt sich im Problem der Zelldifferenzierung in vitro. Hier wird es sich im allgemeinen um zeitlich begrenzte Kulturen handeln, da die Endstufen der Zelldifferenzierung meist nicht mehr zur Vermehrung befähigt sind. Anderseits kommen im Gegensatz zur Frage der Erhaltung von Zellfunktionen Krebszellen als Modellsysteme für die Untersuchung der Zelldifferenzierung nicht in Betracht. Als Beispiele solcher Differenzierungsvorgänge in Zellkulturen sind die Bildung von Spermatocyten in vitro [368, 369] und die Produktion von Mastzellen in aus Thymus gewonnenen Kulturen zu erwähnen [253,

254]. Der am besten untersuchte Differenzierungsvorgang in Zellkulturen dürfte jedoch die Entwicklung von quergestreiften Muskelfasern aus entsprechenden embryonalen Zellen sein. Es hat sich gezeigt, daß nach dem Ansetzen der Kulturen zuerst während mehrerer Tage eine rasche Zellvermehrung stattfindet, worauf erst die Differenzierung zu Muskelfasern, offenbar durch Fusion von Zellen [384], einsetzt [346, 381]. Versuche mit isolierten Zellen haben dann bestätigt, daß es tatsächlich die Vorläufer der Muskelzellen sind, die vor der Differenzierung diese beträchtliche Zahl von Zellteilungen durchlaufen [382, 383]. Das heißt also, daß die Fähigkeit zur Differenzierung unter den Kulturbedingungen während einer Periode rascher Zellvermehrung erhalten bleibt. Weiterhin hat sich aber auch ergeben, daß durch Variation des Nährmediums der Anteil der aus den einzelnen Zellen hervorgehenden Muskelzell-Kolonien gegenüber den nicht-differenzierten Kolonien verändert werden kann, daß also je nach den Umweltbedingungen das „Gedächtnis" einer Zelle für die ihren Nachkommen zugedachte Funktion erhalten bleibt oder aber irreversibel verloren gehen kann [383, 566]. Dies bedeutet, daß in gewissen Fällen ein Nährmedium zwar für die Vermehrung der spezialisierten Zellen ausreicht, daß aber zusätzliche Substanzen für die Ausübung einer Funktion oder doch die Erhaltung einer Potenz notwendig sind.

Weitere Beispiele der Erhaltung spezifischer Zellfunktionen in Zellkultur. Es bleiben nun noch einige Beobachtungen über Zellkulturen mit spezifischen Funktionen zu diskutieren, die weniger gut belegt und zum Teil auch nicht unwidersprochen geblieben sind. So sind Kulturen aus normalen menschlichen Hypophysen beschrieben worden, die durch eine fortgesetzte Produktion von Somatotropin, Gonadotropin und Corticotropin charakterisiert sind [701]. Auch hier bestand wie bei den neoplastischen Mastzellen ein methodischer Kunstgriff in der Abtrennung der funktionellen Zellen von andersartigen Zelltypen. In anderen Arbeiten konnten jedoch solche Kulturen von Hypophysenzellen normalen oder neoplastischen Ursprungs mit fortgesetzter Hormonproduktion in vitro nicht erhalten werden [70, 567]. Die Versuche mit transplantierbaren Hypophysen-Tumoren ergaben außerdem, daß Kulturen, die die spezifischen Zellfunktionen verloren hatten, nach Injektion in geeignete Versuchstiere zu Tumoren führten, die wiederum durch die Fähigkeit zur Hormon-Synthese charakterisiert waren. Entsprechende Ergebnisse wurden auch mit Nebennierenrinden-Tumoren erhalten [70]. Diese Befunde könnten dahin interpretiert werden, daß die Tumorzellen in Kultur von normalen Zellen weitgehend überwuchert werden, so daß die spezifischen Zellfunktionen der wenigen Tumorzellen zwar erhalten, jedoch infolge der veränderten Zusammensetzung der Zellpopulation nicht mehr nachweisbar sind; nach der Reinjektion in vivo findet dann umgekehrt eine selektive Vermehrung der Tumorzellen statt, so daß sich deren synthetische Leistungen wiederum erkennen lassen.

Mehrere Arbeiten befassen sich auch mit der Zellkultur von Melanocyten und Melanom-Zellen, jedoch ist hier die Frage der Erhaltung der spezifischen Zellfunktion bei fortgesetzter Kultur noch nicht sehr gründlich untersucht. So war in Kulturen eines Mäuse-Melanoms keine Melanin-Produktion mehr nachweisbar [653]; im Falle von Hamster-Melanomen bestand die Zellpopulation in vitro neben Melanocyten aus einer Reihe verschiedenartiger Zelltypen, und quantitative Angaben über die Dauer der Kulturen, die Zellvermehrung und die Zellfunktion liegen nicht vor [575]. Anderseits konnte in Kulturen eines anderen Hamster-Melanoms eine fortgesetzte Zellvermehrung unter Erhaltung der Melanin-Produktion beobachtet werden, die Zellpopulation in vitro scheint jedoch nicht ausschließlich aus Melanom-Zellen bestanden zu haben, und die Dauer der Kulturen war außerdem relativ kurz [471].

Zusammenfassend geht aus den bisherigen Untersuchungen hervor, daß eine fortgesetzte Kultur sowohl normaler wie neoplastischer Zelltypen mit spezifischen Funktionen durchaus möglich ist. Jedoch besteht eine entscheidende Voraussetzung in der Wahl eines Nährmediums, welches alle für die betreffende Zellart essentiellen Nährstoffe enthält, wobei unter Umständen gewisse Nutrienten für die Zellvermehrung entbehrlich, für die Aufrechterhaltung der Funktion dagegen notwendig sind. Ob in diese Kategorie eventuell auch Hormone einzureihen sind, ist gegenwärtig noch nicht zu überblicken. Überhaupt scheint die Entwicklung von Nährmedien für spezielle Zelltypen erst in den Anfängen zu stehen. Neben der Befriedigung von Nährbedürfnissen ist offenbar in vielen Fällen auch die Abtrennung der Zellen mit spezifischen Funktionen von Begleitzellen und wenn möglich die Herstellung genetisch einheitlicher Populationen durch Isolierung einzelner Zellen von großer Bedeutung, um ein Überhandnehmen der nicht differenzierten Zellen über die Zellen mit spezifischen Funktionen bei der fortgesetzten Kultur in vitro zu verhindern.

7. Der Zellteilungscyclus

Während langer Zeit ließen sich bei den Vorgängen im Ablauf des Zellteilungscyclus tierischer Zellen nur die einzelnen Phasen der Mitose und die Interphase gegeneinander abgrenzen. Neuere Untersuchungen haben nun ergeben, daß sich der Teilungscyclus weiter unterteilen läßt, indem die Synthese der DNS auf einen bestimmten Abschnitt der Interphase beschränkt ist. Der Teilungscyclus setzt sich dadurch, wie in Abb. 5 dargestellt, zusammen aus der Mitose (und ihren morphologisch charakterisierten Teilphasen), der postmitotischen Phase (G_1-Phase), der Periode der DNS-Synthese (S-Phase) und der prämitotischen Phase (G_2-Phase).

Auf Grund dieser Verhältnisse unterscheiden sich offenbar tierische Zellen von bakteriellen Mikroorganismen, in denen unter Bedingungen exponentieller Zellvermehrung eine kontinuierliche Synthese von DNS beobachtet wird [1, 453, 610, 759]. Dies dürfte möglicherweise damit zusammenhängen, daß sich tierische Zellen in vivo nicht wie Mikroorganismen verhalten, sondern entsprechend den Bedürfnissen des Gesamtorganismus sich entweder vermehren oder aber ihre Proliferationstätigkeit unterbrechen. Die Entscheidung darüber, ob eine

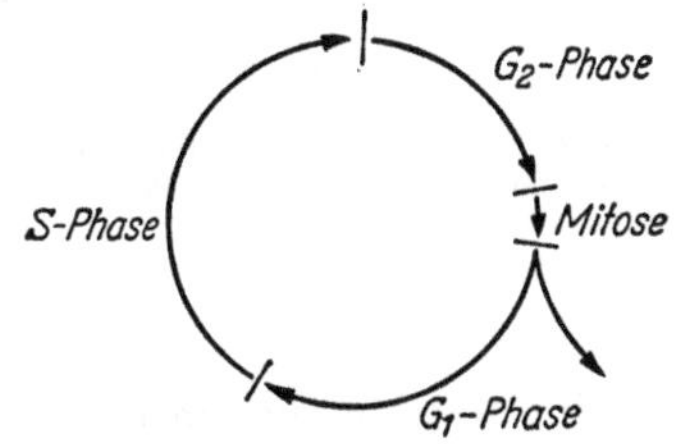

Abb. 5. Der Teilungscyclus proliferierender tierischer Zellen

Zellteilung stattfinden wird oder nicht, scheint nun, offenbar um den nicht proliferierenden Zellen einen diploiden Chromosomensatz zu gewährleisten, während der G_1-Phase zu erfolgen [67, 68]. Man kann sich dabei vorstellen, daß die Zellen mehrzelliger Organismen deshalb eine solche Phase ohne DNS-Synthese durchlaufen müssen, damit den Kontrollmechanismen des Gesamtorganismus Gelegenheit gegeben wird, die Aktivität der Zellen entweder in der Richtung auf die Zellteilung oder auf die Proliferationsruhe zu steuern. Mit dieser Vorstellung stimmt die Beobachtung gut überein, daß in vivo bei Zelltypen mit sehr langsamer Zellproliferation vor allem die G$_1$-Phase verlängert ist [641]. Im übrigen soll jedoch hier auf die oft sehr komplexen Verhältnisse in vivo nicht näher eingegangen werden.

Experimentelle Grundlagen. Für Untersuchungen über den Zellteilungscyclus steht eine Reihe verschiedenartiger Methoden zur Verfügung. Einerseits sind die Autoradiographie nach Zusatz von radioaktiv markierten DNS-Vorläufern zum betreffenden Zellsystem sowie die Mikrospektrophotometrie geeignet, bereits in asynchronen Zellpopulationen Aufschluß über den Ablauf des Teilungscyclus zu geben. Anderseits besteht die Möglichkeit der Synchronisierung proliferierender Zellpopulationen und deren Analyse auf Grund verschiedenster Hilfsmittel, wobei unter Umständen auch die Mikrospektrophotometrie und Autoradiographie mit herangezogen werden können.

Mikrospektrophotometrie und Autoradiographie. Die Mikrospektrophotometrie nach spezifischer Färbung des DNS-haltigen Materials der Zellkerne hat die ersten Anhaltspunkte für die diskontinuierliche Synthese der DNS und den Ablauf dieser Synthese während der Interphase geliefert [105, 675, 729] und in Verbindung mit einer partiellen Synchronisierung von Zellkulturen auch bereits eine quantitative Erfassung der prämitotischen Phase ermöglicht [221].

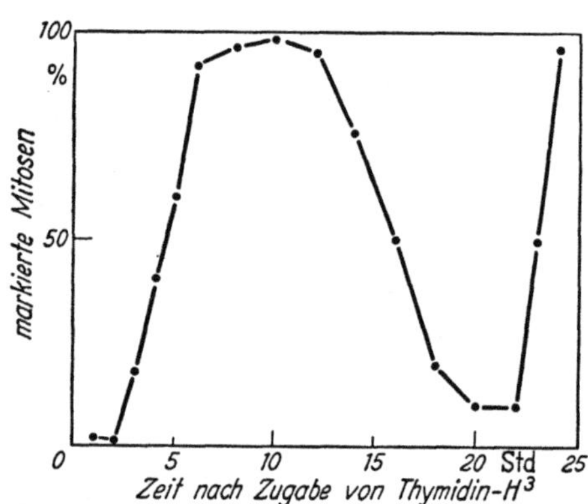

Abb. 6. Der zeitliche Verlauf des Anteils markierter Mitosen nach kurzfristiger Inkubation einer Zellkultur mit markiertem Thymidin (Defendi, V., and L. A. Manson: Nature 198, 359, 1963)

Im Vergleich mit der Mikrospektrophotometrie hat sich jedoch die Autoradiographie nach Markierung der cellulären DNS als wesentlich leistungsfähiger erwiesen und insbesondere an Zellkulturen mit ihrer gegenüber den Verhältnissen in vivo relativ einheitlichen Zellpopulation zu quantitativen Ergebnissen über die Dauer der einzelnen Phasen des Teilungscyclus geführt [222, 392, 505, 661, 691]. Als markierter DNS-Vorläufer hat sich Thymidin-³H in vielen Untersuchungen gut bewährt. Diese Verbindung wird von Zellen in Kultur sehr rasch aufgenommen und praktisch ohne Latenzzeit in die DNS eingebaut [506]. Da Thymin in der RNS nicht vorkommt, wird Thymidin ausschließlich in die DNS eingebaut, so daß die Markierung nach Entfernung niedermolekularer Stoffwechselprodukte als spezifisch für DNS gelten kann.

Werden Kulturen kurzfristig mit Thymidin-³H inkubiert und darauf die Inkubation in frischem, von markiertem Thymidin freiem Medium fortgeführt, sind vorerst keine markierten Mitosen feststellbar. Nach einer Latenzzeit steigt dann der Prozentsatz markierter Mitosen an, um nach einiger Zeit wiederum abzufallen und später erneut anzusteigen (Abb. 6). Die Latenzzeit bis zum Auftreten markierter Mitosen stellt die Dauer der prämitotischen Phase dar, indem diejenigen Zellen, die während der Inkubation mit Thymidin-³H kurz vor dem Abschluß der DNS-Synthese stehen, zuerst die G$_2$-Phase durchlaufen müssen, um dann als erste markierte Zellen in die

Mitose einzutreten. Anderseits entspricht die Zeit zwischen den beiden Anstiegen der Kurve der Generationszeit, die sich außerdem auch aus der Vermehrungsrate der Zellen ermitteln läßt. Der Prozentsatz markierter Zellen nach kurzfristiger Inkubation mit Thymidin-^{3}H ergibt in asynchronen Zellpopulationen das Verhältnis der Dauer der S-Phase zur Generationszeit, und in analoger Weise ergibt der Mitose-Index (Prozentsatz der Zellen in Mitose) das Verhältnis der Dauer der Mitose zur Generationszeit. Die Dauer der G_1-Phase schließlich läßt sich als Differenz der Summe von S-Phase, G_2-Phase und Mitose zur gesamten Generationszeit berechnen [505]. Kürzlich ist gezeigt worden, daß bei zusätzlicher Verwendung von Colcemid als Hilfsmittel zur Blockierung der Mitosen die Genauigkeit der Ergebnisse der autoradiographischen Methodik gesteigert werden kann [554].

Die Synchronisierung von Zellkulturen. Die dritte Möglichkeit zur Analyse des Zellteilungscyclus in Zellkulturen besteht in der Synchronisierung der Zellteilungen. Die Synchronisierung von Kulturen einzelliger Organismen ist sehr eingehend bearbeitet worden [762], und es hat sich gezeigt, daß sich auf Grund ähnlicher Prinzipien auch Populationen von Säugerzellen in vitro partiell synchronisieren lassen. So ist beschrieben worden, daß eine vorübergehende Abkühlung der Kulturen zu einer partiellen Synchronisierung der Zellteilungen führt [90, 467, 494]. Es ist anzunehmen, daß einzelne Phasen des Teilungscyclus bei niederer Temperatur stärker verlangsamt werden als andere, jedoch ist die Natur der besonders temperaturabhängigen biochemischen Prozesse und damit auch der Mechanismus der Temperatur-bedingten Synchronisierung nicht bekannt.

Von größerem Interesse sind deshalb Synchronisierungsvorgänge, die durch eine reversible Hemmung spezifischer biochemischer Prozesse zustande kommen. Auf Grund der bisherigen Arbeiten steht hier die Unterdrückung des Aufbaus der DNS durch spezifische Hemmstoffe der Thymin-Biosynthese im Vordergrund. Eine solche Synchronisierung der Zellteilungen durch reversible Hemmung der DNS-Synthese wurde zuerst bei einer Mutante von Escherichia coli beschrieben, die Thymin nicht selber synthetisiert, so daß die Bildung von DNS durch Entzug von Thymin vorübergehend unterbrochen werden kann [33]. Da Säugerzellen das benötigte Thymin selber synthetisieren können, besteht bei diesen die Notwendigkeit der Verwendung spezifischer Hemmstoffe. Als solche kommen in Frage einerseits FUDR [569] und anderseits Folsäure-Antagonisten wie Amethopterin, die die Synthese von Purinen, Glykokoll und Thymin hemmen [288]. Damit führt Amethopterin in Kombination mit einem Purin und Glykokoll zu einem spezifischen Thymin-Mangel, der durch Zusatz des Desoxyribosids, Thymidin, behoben werden kann. Wird nun Thymidin den Kulturen erst einige Stunden nach Zugabe eines dieser Hemmstoffe zugesetzt, kommt eine partielle Synchronisierung der Zellteilungen zustande [194, 419, 580, 620].

Um eine möglichst weitgehende Synchronisierung zu erhalten, muß die DNS-Synthese während einer gewissen, nicht zu kurzen Zeit gehemmt werden. Wird jedoch das Zeitintervall zwischen Zugabe des Hemmstoffes und Zugabe von Thymidin über eine bestimmte Zeitdauer ausgedehnt, geht infolge der andauernden Blockierung der DNS-Synthese die Vermehrungsfähigkeit eines zunehmenden Teils der Zellen verloren. Daneben führt die Gegenwart von FUDR nach relativ kurzer Zeit zu Chromosomen-Schäden in den Zellen [349]. Es hat sich gezeigt, daß die DNS-Synthese durch niedere Konzentrationen von FUDR über eine längere Zeit gehemmt werden kann als durch hohe Konzentrationen, bevor eine irreversible Schädigung der Zellen eintritt. Das heißt somit, daß im Falle von FUDR das Ausmaß der irreversiblen Zellschädigung nicht nur von der Zeit, sondern auch von der Konzentration des Hemmstoffes abhängt [628, 705]. Bei Verwendung von Amethopterin in geeigneter Konzentration ist die Zellschädigung sogar noch geringer als bei der kleinsten, noch zu einer Hemmung führenden Konzentration von FUDR, so daß Amethopterin als Hemmstoff für die Synchronisierung von Zellkulturen offenbar dem FUDR vorzuziehen ist [628]. Neuere Untersuchungen haben weiterhin gezeigt, daß das Ausmaß der Synchronisierung beträchtlich verbessert werden kann dadurch, daß die Zellen vor der Hemmung der DNS-Synthese unter bestimmten suboptimalen Bedingungen, wie hoher Populationsdichte oder Mangel einer Aminosäure, inkubiert werden [629].

Neben FUDR und Folsäure-Antagonisten bewirkt ebenfalls Thymidin in hohen Konzentrationen eine Unterdrückung der DNS-Synthese in Zellkulturen, indem die Bildung von Cytosin-desoxyribonucleotiden blockiert wird [480, 481]. In Übereinstimmung mit diesen Befunden konnte durch Zusatz von Thymidin in hohen Konzentrationen und nachfolgende Inkubation der Zellen in normalem Medium eine Synchronisierung der Zellteilungen erreicht werden [55, 755]. Daneben wurde auch beschrieben, daß durch vorübergehenden Entzug bestimmter Komponenten der Nährlösung [370], durch Inkubation von Zellkulturen während mehrerer Tage ohne Erneuerung des Nährmediums [419] sowie bei der Übertragung von Zellkulturen in frische Kulturgefäße [648] eine partielle Synchronisierung zustande kommt, doch ist hier der zugrunde liegende biochemische Mechanismus nicht bekannt.

Von besonderem Interesse ist eine kürzlich beschriebene Methode zur Herstellung synchroner Zellpopulationen, die auf der Abtrennung der in Mitose befindlichen Zellen von der übrigen Zellpopulation beruht [699]. Die Abtrennung der Mitose-Zellen wird dadurch ermöglicht, daß diese in Monolayer-Kulturen im Gegensatz zu den Interphase-Zellen eine rundliche Form annehmen und weniger fest am Glas haften, so daß sie relativ leicht in Suspension gebracht werden können. Mit Hilfe dieser Methode läßt sich somit eine synchrone Zellpopulation ohne vorherige Eingriffe in den Zellstoffwechsel erhalten. Jedoch ist die Ausbeute an Zellen relativ gering, da ja nur derjenige Teil der Zellpopulation, der sich gerade in Mitose befindet, für die Bildung der synchronen Kultur herangezogen wird. Für biochemische Analysen ist deshalb die Anwendbarkeit solcher synchroner Zellkulturen vorläufig noch beschränkt, jedoch hat sich die Methode, in Verbindung mit Analysen der Kolonie-Ausbeute aus isolierten Zellen, besonders bei der Untersuchung der Empfindlichkeit gegen ionisierende Strahlen sehr gut bewährt und ist auch zur elektronenmikroskopischen Untersuchung der morphologischen Veränderungen im Ablauf der Mitose mit Erfolg herangezogen worden [570]. Kürzlich konnte die Methode auch modifiziert werden, so daß sie nun für die Gewinnung größerer Mengen mitotischer Zellen geeignet ist [571].

Während die Autoradiographie und die Anwendung solcher synchroner Populationen, die auf Grund der Abtrennung der Mitose-Zellen erhalten werden, für deskriptive Studien des Teilungscyclus vorzuziehen sind, da diese Methoden keine Störung des Stoffwechsels nach sich ziehen, hat sich anderseits die Synchronisierung von Zellkulturen durch reversible Blockierung spezifischer cellulärer Prozesse sehr nützlich erwiesen für die Untersuchung von Vorgängen beim Übergang von einer Phase des Teilungscyclus in die nächste.

Die Variation in der Dauer der Generationszeit. Untersuchungen über den Zellteilungscyclus werden dadurch erschwert, daß die Generationszeit, selbst in genetisch einheitlichen Kulturen, eine nicht unbeträchtliche Streuung aufweist, indem selbst zwei aus der gleichen Zellteilung hervorgegangene Tochterzellen sich meist nach verschieden langen Zeitintervallen erneut teilen [*649*]. Daneben weisen die einzelnen Zellstämme zum Teil beträchtliche Unterschiede in ihrer Generationszeit auf, die vor allem durch eine große Variation in der Dauer der G_1-Phase bedingt sind, während sich anderseits die S-Phase in den bisher untersuchten Fällen ziemlich einheitlich über eine Dauer von 6—8 Std erstreckte [*125, 126*].

Die S-Phase. Was den Verlauf der S-Phase anbetrifft, so haben autoradiographische Versuche ergeben, daß die Verdoppelung der DNS innerhalb eines Chromosoms nicht überall gleichzeitig erfolgt, sondern daß der zeitliche Verlauf der DNS-Synthese an den einzelnen Chromosomen und Chromosomen-Abschnitten ein für den betreffenden Zellstamm typisches Bild aufweist [*473, 504, 670, 692*]. Neuere autoradiographische Ergebnisse haben auch die Vorstellung einer semi-konservativen Verdoppelung der DNS bestätigt [*540*].

Es konnte gezeigt werden, daß nach Hemmung der DNS-Synthese durch Amethopterin bei nachträglicher Zugabe von Thymidin die DNS-Synthese nur allmählich in Gang kommt, indem die Synthese-Rate nicht von Anfang an konstant ist, sondern von niedrigen Werten auf höhere ansteigt [*580, 623*]. Dieser Anstieg in der Geschwindigkeit der DNS-Synthese ist abhängig von der Fähigkeit der Zellen zur Protein-Synthese, so daß bei deren Hemmung, z. B. durch Puromycin, die Geschwindigkeit der DNS-Synthese auf den anfänglichen niedrigen Werten bleibt [*484*].

Die G₂-Phase. Während die mittels der Autoradiographie erhaltenen Resultate hinsichtlich der G_1- und der S-Phase als durchaus zuverlässig zu betrachten sind, ist dies für die G₂-Phase in geringerem Grade der Fall; die autoradiographischen Ergebnisse lassen nämlich auch die Interpretation zu, daß die Latenzzeit bis zum Auftreten markierter Mitosen auf Grund einer Verzögerung des Einbaus von markiertem Thymidin in die DNS nach dessen Eintritt in die Zelle zustande kommt. Zwar werden Interphase-Zellen bei Inkubation mit Thymidin-³H sehr rasch markiert; jedoch ist gezeigt worden, daß niedermolekulare, Thymin-haltige DNS-Vorläufer bei der Vorbereitung der Zellen für die Autoradiographie oft nur unvollständig entfernt werden [*102*], wobei die Möglichkeit besteht, daß sich Mitose-Zellen in dieser Hinsicht anders als Interphase-Zellen verhalten. In Ergänzung der autoradiographischen Ergebnisse konnte nun aber an synchronisierten Kulturen mit biochemischen Methoden die Existenz der prämitotischen Phase mit Sicherheit bestätigt werden. Nach Hemmung der DNS-Synthese durch Amethopterin bewirkte nämlich der Zusatz von Thymidin ein sofortiges Einsetzen der DNS-Synthese (gemessen auf Grund der spezifischen Aktivität der DNS nach kurzfristiger Inkubation der Zellen mit Thymidin-³H), während der Mitose-Index der Kulturen erst nach einer Latenzperiode anzusteigen begann, die der G₂-Phase entspricht [*623*]. Dieser Befund eines zeitlichen Unterschieds zwischen dem Einsetzen von DNS-Synthese und Mitose-Aktivität stellt somit einen Nachweis der G₂-Phase mit Hilfe biochemischer Methoden dar.

Außerdem weist er darauf hin, daß die für die G₂-Phase charakteristischen Prozesse erst nach Abschluß der DNS-Synthese, offenbar auf Grund eines heute noch nicht bekannten Auslöse-Mechanismus, einsetzen können. Käme nämlich die G₂-Phase dadurch zustande, daß neben der DNS-Synthese und unabhängig von ihr ein anderer, länger dauernder Prozeß vor der Mitose abgeschlossen werden muß, wäre

im Gegensatz zu den experimentellen Ergebnissen zu erwarten, daß dieser andere
Prozeß während der Hemmung der DNS-Synthese zu Ende geführt und somit die
Mitose-Aktivität nach Zusatz von Thymidin ohne Latenzzeit einsetzen würde.

Die Mitose. Diese ist als solche in erster Linie durch morphologische Kriterien
charakterisiert, deren Kenntnis ja schon außerordentlich weit zurückreicht. Was die
biochemischen Vorgänge in dieser Phase anbetrifft, so sind Beobachtungen von Interesse, die darauf schließen lassen, daß die Synthese von RNS während der Mitose
weitgehend oder sogar völlig unterbrochen ist [*214, 216, 385, 539, 699*]. Dies deutet
darauf hin, daß die durch die DNS bestimmte Synthese von RNS nur ablaufen kann,
solange sich die DNS nicht in dem für die Chromosomen während der Mitose typischen kondensierten Zustand befindet.

Die G_1-Phase. Von allen Phasen des Teilungscyclus ist bis heute über die
G_1-Phase am wenigsten bekannt geworden, was wohl unter anderem darauf beruht,
daß mit der autoradiographischen Methodik die Dauer dieser Phase nur indirekt er-
mittelt werden kann. Dies ist deshalb besonders bedauerlich, weil viele Anhaltspunkte
dafür bestehen, daß in dieser Phase die Regulationsvorgänge eingreifen, die für die
Entscheidung zwischen Zellproliferation und Proliferationsruhe verantwortlich sind,
und die in der neoplastisch transformierten Zelle nicht mehr ausreichend funktionieren.

Der Übergang vom differenzierten Zustand in vivo zum proliferierenden Zustand in Zellkultur ist an Primärkulturen von Nierenzellen besonders eingehend
untersucht worden. Es hat sich dabei gezeigt, daß vor dem Einsetzen der DNS-Synthese und vor dem Anstieg der DNS-Polymerase- und Thymidin-Kinase-Aktivität
in den Zellen sowohl RNS wie auch Protein synthetisiert werden, und daß bei Unterdrückung dieser Synthesen ebenfalls die Bildung von DNS, DNS-Polymerase, Thymidin-Kinase und damit die Zellteilung ausbleibt [*408, 409, 417*].

**Nährbedürfnisse und pharmakologische Beeinflußbarkeit in den einzelnen Phasen
des Teilungscyclus.** Im Bestreben, näheres über die biochemischen Prozesse zu
erfahren, die für die einzelnen Phasen des Teilungscyclus typisch und für deren
Dauer limitierend sind, wurde der Teilungscyclus mit Hilfe autoradiographischer
Methoden an Zellkulturen untersucht, in denen die Zellvermehrung durch Beschränkung eines Nährstoffes oder durch Zusatz geeigneter Konzentrationen eines spezifischen Hemmstoffes verlangsamt vor sich ging. Es konnte dabei gezeigt werden, daß je
nach der Art des limitierenden Wuchsstoffes die einzelnen Phasen des Teilungscyclus
verschieden stark betroffen werden. Beschränkung des Angebots an Glucose oder
Leucin führte vor allem zu einer Verlängerung der G_1-Phase, während die Hemmung der Thymin-Biosynthese durch Amethopterin in erster Linie, wie zu erwarten,
eine Ausdehnung der S-Phase zur Folge hatte. Von Interesse war ferner, daß die
G_2-Phase durch Mangel an Leucin oder Thymin nicht beeinflußt wurde, während
sie bei Beschränkung der Glucose verlängert war [*627*]. Bei Hemmung der Protein-
Synthese durch Puromycin wurde im Gegensatz zu diesen Ergebnissen allerdings eine
Verlängerung der G_2-Phase beobachtet [*690*]. Von anderer Seite ist schließlich eine
Veränderung der Dauer der G_1-Phase durch Variation des pH-Wertes des Mediums
beschrieben worden [*650*].

Die einzelnen Phasen des Teilungscyclus zeigen nicht nur Unterschiede hinsichtlich der Bedürfnisse für bestimmte Nutrienten und Metaboliten, sondern auch die
Empfindlichkeit gegenüber verschiedenen cytotoxischen Agentien hängt davon ab,
in welcher Phase sich die Zellen während der betreffenden Einwirkung befinden. So

ist beschrieben worden, daß die Toxicität von Stickstoffsenfgas bei Zugabe der Verbindung während der S-Phase wesentlich höher ist als während der G$_1$- oder G$_2$-Phase [728]. Weitere solche Untersuchungen an Hemmstoffen mit bekanntem Wirkungsmechanismus dürften in Zukunft zu einem vertieften Verständnis der Vorgänge in den einzelnen Phasen des Teilungscyclus beitragen. Schließlich sind auch die Effekte ionisierender Strahlen während der verschiedenen Phasen des Teilungscyclus in mehreren Arbeiten untersucht worden und sollen im anschließenden Abschnitt zur Besprechung kommen.

8. Wirkungen ionisierender Strahlen

Für die Untersuchung der Wirkung ionisierender Strahlen auf proliferierende Zellsysteme haben sich Zellkulturen als außerordentlich wertvolles Modellsystem erwiesen [546]. Dies hängt damit zusammen, daß auch bei der Strahlenwirkung am intakten Organismus die Beeinträchtigung proliferierender Zelltypen von primärer Bedeutung ist; denn sowohl die carcinolytischen Effekte als auch die kurzfristige, auf dem Versagen der Gastrointestinal-Mucosa und des hämopoetischen Systems beruhende Radiotoxicität sind in erster Linie auf eine Hemmung der Zellproliferation zurückzuführen.

Die Empfindlichkeit von Zellkulturen gegenüber ionisierenden Strahlen. Ähnlich wie im Falle der carcinostatischen Hemmstoffe hat sich auch für Röntgenstrahlen gezeigt, daß die Empfindlichkeit gegenüber Bestrahlung für sehr viele Zellstämme, gleichgültig ob normalen oder neoplastischen Ursprungs, und gleichgültig ob mit diploider oder polyploider Chromosomenstruktur, nur in relativ engen Grenzen variiert [427, 553]. Damit verhalten sich Zellkulturen offenbar anders als pflanzliche Versuchsobjekte, für die eine Abhängigkeit der Strahlenempfindlichkeit von der Kerngröße und der Ploidie des Chromosomensatzes [656] sowie vom Verhältnis der Kerngröße zur Chromosomenzahl [657] beschrieben worden ist. Die Strahlenempfindlichkeit von Zellkulturen ist im Vergleich mit der Empfindlichkeit des Gesamtorganismus außerordentlich hoch, was zur Annahme berechtigt, daß beim intakten Versuchstier die letalen Effekte ionisierender Strahlen auf der Vernichtung und dem Unterbruch der Proliferationstätigkeit eines sehr hohen Prozentsatzes der empfindlichen Zellpopulationen des Knochenmarks und der Darmmucosa beruhen müssen [546]. Die Empfindlichkeit von Zellkulturen gegen Röntgenstrahlen hat sich daneben auch als wesentlich höher als diejenige einer Reihe von Mikroorganismen erwiesen [551]. Die gleiche hohe Empfindlichkeit von Zellkulturen ist im übrigen gegenüber weichen Röntgenstrahlen [30, 345] und gegenüber β-Strahlen [30, 31] beobachtet worden.

Durch Selektion nach Bestrahlung mit hohen Dosen können in ähnlicher Weise wie bei der Verwendung von Hemmstoffen bis zu einem gewissen Grade resistente Zellstämme entstehen [684, 745]. Jedoch sind bisher die biochemischen Grundlagen für eine solche Resistenz gegen ionisierende Strahlen noch nicht aufgeklärt worden. Daneben kann auch eine Selektion auf Grund anderer Bedingungen unter Umständen eine erhöhte Radioresistenz der Zellpopulation zur Folge haben [7].

Der irreversible Verlust der Proliferationsfähigkeit. Die Analyse der Effekte ionisierender Strahlen auf die Zellvermehrung hat gezeigt, daß zwei Phänomene voneinander unterschieden werden müssen: einerseits ein vorübergehender und reversibler Unterbruch in den Zellteilungen, und anderseits ein irreversibler Verlust der Fähigkeit zu fortgesetzter Vermehrung, wobei jedoch oft noch einige wenige Zellteilungen stattfinden können [546, 712]. Durch Bestimmung desjenigen Anteils der Zellpopulation, dessen Zellen nach Bestrahlung weiterhin zu makroskopischen Zellkolonien auswachsen können, läßt sich die irreversible Zellschädigung unabhängig von der reversiblen Verzögerung der mitotischen Aktivität erfassen. Die auf diese Weise erhaltenen Dosiswirkungskurven zeigen eine charakteristische „Schulter" im Bereich niedriger Strahlendosen und verlaufen dann bei semilogarithmischer Darstellung einigermaßen linear. Ein Beispiel für eine solche Kurve zeigt Abb. 7. Die Analyse derartiger Dosiswirkungskurven führt zur Interpretation, daß im Mittel mehr als ein Treffer pro Zelle für eine irreversible Zellschädigung erforderlich ist, wobei die berechneten Werte für diploide Zellstämme im allgemeinen näher bei einem, für hyperploide Zellstämme dagegen näher bei zwei Treffern pro Zelle liegen [545, 551, 553].

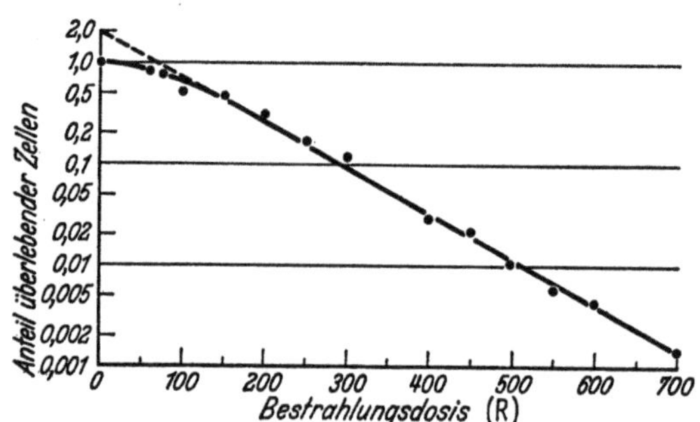

Abb. 7. Der Verlust der Vermehrungsfähigkeit von HeLa-Zellen in Abhängigkeit von der Röntgenstrahlen-Dosis (Puck, T. T., and P. I. Marcus: J. exp. Med. 103, 653, 1956)

Versuche, in welchen die Wirkung einer Einzeldosis mit derjenigen einer gleich großen, jedoch zeitlich fraktionierten Strahlendosis verglichen wurde, haben ergeben, daß die Zellen imstande sind, Schäden, die noch nicht zu einer irreversiblen Zellschädigung geführt haben, zu beheben, so daß sie sich nach einiger Zeit wie nicht vorbestrahlte Zellen verhalten [197, 198]. Für diese Erholungsprozesse scheint die Synthese von RNS notwendig zu sein, da sie durch Actinomycin D unterdrückt werden können [199].

Der primäre Schaden, der in den Zellen durch die Bestrahlung gesetzt wird, scheint offenbar im genetischen Apparat zu liegen: eine Bestrahlung mit der mittleren wirksamen Dosis (bezogen auf den Verlust der Vermehrungsfähigkeit) von etwa 50 r hat im Durchschnitt ebenfalls eine morphologisch erkennbare Chromosomenschädigung pro Zelle zur Folge [544, 756]. Durch solche Chromosomenschäden wird eine normale Mitose in Frage gestellt und auf diese Weise die fortgesetzte Vermehrung der Zellen verunmöglicht. Nach Bestrahlung mit hohen Dosen treten im weiteren in den wenigen überlebenden Zellen auch relativ häufig Mutationen auf, die sich äußern in dauernden Veränderungen von cellulären Charakteristiken wie der Morphologie, Chromosomenstruktur oder der Wuchsstoffbedürfnisse sowie in einer Verlängerung der Generationszeit und einer Erhöhung der Empfindlichkeit gegenüber ionisierenden Strahlen [553, 646].

Die Vorstellung, daß der Verlust der Vermehrungsfähigkeit auf einer irreversiblen Schädigung des genetischen Materials der Zelle beruht, wird gestützt durch Versuche über die Effekte von Halogen-substituierten Pyrimidinen auf die Strahlenempfindlichkeit von Zellkulturen. Wie bereits bei der pharmakologischen Beeinflussung von Zellkulturen besprochen, hat der Zusatz von 5-Chlor-, 5-Brom- und 5-Jod-desoxyuridin zum Nährmedium einen Einbau des entsprechenden halogenierten Uracils an Stelle von Thymin in die DNS der Zellen zur Folge. Solche Zellen, in deren DNS ein Teil des Thymins durch halogeniertes Uracil ersetzt ist, zeigen nun eine stark erhöhte Empfindlichkeit gegen ultraviolette und Röntgenstrahlen [127, 204, 468], wobei bei Verwendung von Röntgenstrahlen der durch Jod-Substitution erzeugte Effekt am größten, derjenige der Chlor-Substitution am geringsten ist [136, 203, 206]. Da diese Halogen-substituierten Pyrimidine — möglicherweise mit Ausnahme von Chloruracil — als Thymin-Analoge ausschließlich in DNS eingebaut werden, erscheint die Annahme gerechtfertigt, daß die irreversible Zellschädigung nach Bestrahlung auf einer Veränderung der DNS beruht [680]. Versuche mit Hilfe der Incorporation von ^{32}P in die celluläre DNS deuten darauf hin, daß die Halogen-Substitution eine Spaltung der dem Halogen-Uracil benachbarten Phosphat-Esterbindung in der DNS-Kette begünstigt [558]. Auf Grund dieser Vorstellung läßt sich somit der letale Effekt der ionisierenden Strahlen auf die Erzeugung von Brüchen in der Ketten-Struktur der DNS zurückführen [680].

Die Strahlenempfindlichkeit der Zellen in Kultur läßt sich daneben auch durch Variation des äußeren Milieus verändern. So ist die Empfindlichkeit in Abwesenheit von Sauerstoff herabgesetzt [129]. Ebenso führt der Zusatz von Glycerin [32, 203], Cysteamin [32, 245] oder Aminoäthylisothiuronium [38, 195] zum Nährmedium zu einer Abnahme, die Gegenwart von Actinomycin [39] dagegen zu einer Zunahme der Empfindlichkeit gegen Röntgenstrahlen. Außerdem lassen sich auch die Erholungsprozesse durch Variation der Inkubationsbedingungen nach der Bestrahlung beeinflussen [45].

Der durch ionisierende Strahlen bedingte Verlust der Fähigkeit zu fortgesetzter Vermehrung äußert sich im allgemeinen nicht im sofortigen Absterben der Zellen. Vielmehr kommt es, vor allem nach niederen Strahlendosen, oft noch zu einigen wenigen Zellteilungen, bevor die Mitoseaktivität aufhört [196, 551, 712]. Ein Teil der Zellen, die die Fähigkeit zur Zellteilung verloren haben, wächst außerdem zu Riesenzellen aus [551, 713], was offenbar dadurch bedingt ist, daß zwar die Mitose, jedoch nicht die Synthese makromolekularer Zellkomponenten wie Protein, RNS und DNS blockiert ist [307, 748].

Die vorübergehende Hemmung der mitotischen Aktivität. Neben dem irreversiblen Verlust der Fähigkeit zu fortgesetzter Vermehrung kommt es in Zellkulturen unmittelbar nach Bestrahlung zu einer reversiblen Hemmung der Zellteilung im Sinne einer Verzögerung des Eintritts in die Mitose. Diese beruht in erster Linie auf einer ausgeprägten Verlängerung der G_2-Phase, wobei diese Verlängerung mit der Strahlendosis zunimmt und bereits bei Anwendung sehr niederer Bestrahlungsintensitäten im Bereiche von 10 bis 30 rad deutlich nachweisbar ist [196, 554, 744, 747, 756]. Ähnliche Beobachtungen liegen für die Wirkung von ultravioletten Strahlen vor [746]. Die Anwendung hoher Strahlendosen führt im übrigen ebenfalls zu einer Verlängerung der G_1- und der S-Phase [437].

Veränderungen der Strahlenempfindlichkeit während des Teilungs-Cyclus. Es hat sich gezeigt, daß die Empfindlichkeit der Zellen hinsichtlich der irreversiblen Schädigung durch ionisierende Strahlen im Laufe des Teilungscyclus charakteristische Veränderungen durchläuft. Die bisherigen Untersuchungen lassen allerdings darauf schließen, daß sich die verschiedenen Zellstämme in dieser Hinsicht nicht alle gleich verhalten. So wurden für HeLa-Zellen zwei Maxima und zwei Minima der Strahlenempfindlichkeit während des Teilungscyclus beschrieben [697, 698, 700], während in Hamster-Zellen nur ein Maximum und ein Minimum im Laufe eines Cyclus aufzutreten scheint [647]. In beiden Fällen deuten die Ergebnisse auf eine besonders hohe Empfindlichkeit während der Mitose hin. Versuche mit Hilfe der Synchronisierung von Zellkulturen durch reversible Hemmung der DNS-Synthese weisen auf eine besonders geringe Strahlenempfindlichkeit während der G_2-Phase hin [205]. Daneben hat ein Vergleich der Strahlenempfindlichkeit während der S-Phase mit derjenigen in den übrigen Phasen des Cyclus auf Grund autoradiographischer Methoden bei verschiedenen Zellstämmen ebenfalls zu unterschiedlichen Ergebnissen geführt [131]. Auch die Häufigkeit von Chromosomenschädigungen hängt vom Zeitpunkt der Bestrahlung in bezug auf den Teilungscyclus ab [130, 348, 353], doch ist anderseits die Wahrscheinlichkeit der Bildung von Riesenzellen davon praktisch unabhängig [507].

Schließlich wirkt sich die Phase des Teilungscyclus, in der sich die Zelle während der Bestrahlung befindet, auch auf das Ausmaß der reversiblen Mitose-Verzögerung aus: sie ist am geringsten bei Bestrahlung im Beginn der G_1-Periode und nimmt im Laufe der Interphase zu bis zu einem Maximum bei Bestrahlung in der G_2-Periode [698, 704]. Dies ist ebenfalls ein Hinweis darauf, daß die irreversible Schädigung in bezug auf die Vermehrungsfähigkeit einerseits und die reversible Mitose-Verzögerung anderseits durchaus verschiedenartige Wirkungen der ionisierenden Strahlen darstellen.

9. Wechselwirkung mit Viren

Die Fortschritte in der Kultur von Säugerzellen haben auf die Virusforschung außerordentlich befruchtend eingewirkt, und heute bildet die Zellkulturmethodik vielleicht deren wichtigste experimentelle Grundlage und ist damit zu einem unentbehrlichen Hilfsmittel virologischer Laboratorien geworden. Die Wechselwirkung von Zellkulturen tierischen Ursprungs mit Viren soll jedoch hier nur in Form eines knappen Überblicks besprochen werden. Denn erstens würde eine Darstellung der gesamten Biologie tierischer Viren in ihrer Vielfalt den Rahmen der vorliegenden Zusammenfassung bei weitem sprengen. Außerdem bestehen viele Parallelen zwischen den Vorgängen bei der Virus-Infektion tierischer und derjenigen pflanzlicher Zellen sowie bei der Infektion bakterieller Zellen durch Phagen, wobei die pflanzlichen und bakteriellen Systeme zudem in mancher Hinsicht wesentlich eingehender untersucht worden sind. Damit ist ein großer Teil der beobachteten Phänomene gar nicht typisch für die tierische Zelle als solche, sondern viel eher für die Natur und Wirkungsweise eines viralen Agens im allgemeinen. Schließlich liegen von kompetenterer Seite ausführliche Darstellungen über die verschiedensten Aspekte der Biologie tierischer Viren vor, auf die deshalb hier verwiesen werden kann [93, 113, 144, 242, 335, 654].

Bereits 1925 konnte nachgewiesen werden, daß sich Viren in Gewebskulturen in vitro züchten lassen [508]. Die hervorragende Eignung von Zellkulturen für virologische Untersuchungen wurde jedoch erst dann allgemein erkannt, als es gelang, das Poliomyelitis-Virus in Kulturen von extraneuralem Gewebe zu züchten [202]. Als besonders geeignetes Substrat für dieses Virus haben sich darauf neben Zellstämmen menschlichen Ursprungs wie HeLa [614] vor allem Kulturen von Affennieren-Zellen erwiesen, in denen eine über 100fache Zunahme des Virustiters erreicht wird [146,

474]. Dies eröffnete gegenüber dem Tierversuch ganz neue Möglichkeiten für das Studium der Virusproduktion und zur Gewinnung von Virusmaterial in größeren Mengen und hat schließlich unter anderem zu der von SALK entwickelten Poliomyelitis-Vaccine geführt.

Ein wesentlicher Schritt in der Richtung auf quantitative Methoden wurde geleistet, als es gelang, an Monolayer-Kulturen die Viruspartikel sozusagen zu zählen, indem jedes einzelne Virus, in einer genügend verdünnten Lösung auf die Kultur gebracht, zu einer makroskopisch sichtbaren Zone abgestorbener Zellen, einer sogenannten „Plaque" führt [142, 146]. Da die Viren innerhalb einer Plaque alle von einem einzelnen Viruspartikel abstammen, ist es auf diese Weise zudem möglich, genetisch einheitliche Virusstämme zu züchten.

Überblick über die Vorgänge bei der Wechselwirkung zwischen Virus und Wirtszelle. Sowohl in morphologischer wie in biochemischer Hinsicht besteht eine außerordentliche Vielfalt von Möglichkeiten für die bei einer Virus-Infektion in der Zelle ablaufenden Vorgänge. Diese werden dabei in erster Linie durch die Eigenschaften des Virus bestimmt. So findet die Vermehrung gewisser DNS-haltiger Viren, wie des Vaccinia-Virus, im Cytoplasma, diejenige anderer DNS-Viren, wie der Adenoviren, dagegen im Kern der Wirtszelle statt [144, 267]. RNS-Viren wiederum verhalten sich in mancher Hinsicht durchaus verschieden von DNS-Viren. Weiterhin wird auch das Ausmaß der Schädigung der Wirtszelle vorwiegend durch die Art des infizierenden Virus bestimmt. Poliovirus z. B. bewirkt viel tiefergreifende Veränderungen als etwa Herpes- oder Influenza-Virus [428]. Anderseits wird aber der Verlauf einer Virus-Infektion auch durch die Wirtszelle mitbestimmt, wobei es unter Umständen selbst bei Infektion durch virulente Viren nicht zum Tod der Zelle, sondern zum Zustand einer länger dauernden latenten Infektion kommen kann [91, 319]. Weiterhin ist eine Hemmung der Virus-Produktion in den Zellen während der Mitose bzw. nach Blockierung der Metaphasen durch einen Mitose-Hemmstoff beschrieben worden [443].

Die Vorgänge bei der Wechselwirkung zwischen Virus und Wirtszelle lassen sich im allgemeinen in fünf Phasen einteilen [4]: a) die Adsorption des Virus an die Zelloberfläche; b) die Penetration ins Zellinnere, wodurch die Virus-Partikel der neutralisierenden Wirkung von Antikörpern entzogen werden; c) die sogenannte Eclipse, die durch die Entfernung der Eiweißhülle von der Virus-Nucleinsäure eingeleitet wird und während der das Virus nicht mehr als infektiöses Agens nachweisbar ist; d) die Maturation, die durch die Synthese neuer Virus-Partikel in der Zelle aus Virus-Nucleinsäure und Virus-Protein charakterisiert ist; und e) die Freisetzung der neugebildeten Viruspartikel aus der Zelle. Es ließ sich nachweisen, daß ein einziges Virus-Partikel pro Wirtszelle ausreichen kann, um die Sequenz dieser Vorgänge auszulösen [442].

Die Adsorption des Virus an die Zelloberfläche. Diese kommt in erster Linie durch elektrostatische Kräfte zustande und ist durch Variation der Elektrolyte und ihrer Konzentration im Medium beeinflußbar [15, 113, 338, 711]. Sie ist außerdem von der Gegenwart spezifischer Receptoren an der Zelloberfläche abhängig, die damit eine notwendige, allerdings nicht hinreichende Voraussetzung darstellen für die Möglichkeit des Virus, sich in der betreffenden Zelle zu vermehren [339, 457, 458]. So konnte gezeigt werden, daß die Gewebs-Spezifität von Poliovirus auf dem Vorhandensein entsprechender Receptoren in den betreffenden Geweben beruht, und daß diese Receptoren an Zellen anderer Gewebe nicht nachweisbar sind. Dagegen führt die Herstellung von Zellkulturen aus Virus-resistenten Geweben mit der dabei verbundenen Auflösung des Zellverbandes zum Auftreten von spezifischen Virus-Receptoren an der Oberfläche der Zellen, die dadurch zu einem für die Virus-Vermehrung geeigneten Substrat werden [337]. Eine Möglichkeit, das Stadium der Adsorption an die cellulären Receptoren zu überspringen, besteht in der Verwendung freier Virus-Nucleinsäuren nach Abtrennung der Proteinhülle, z. B. durch Behandlung mit Phenol. Ähnlich wie im Falle des Tabakmosaikvirus konnte nämlich auch für verschiedene tierische Viren nachgewiesen werden, daß die Virus-RNS [5, 6, 66, 94, 200, 380, 734] oder -DNS [133, 246, 735] nach Abtrennung des Virus-Proteins unter geeigneten Bedingungen ihre Infektivität beibehält. Da der Proteinanteil des Virus neben der Ausübung einer Schutzfunktion vor allem für die Wirtsspezifität des Virus verantwortlich ist, kann die freie Virus-Nucleinsäure auch in solche Zellen eindringen und darin die Virus-Synthese auslösen, die gegenüber dem Gesamtvirus resistent sind [132, 320, 340, 341]. Die celluläre Resistenz gegenüber Viren beruht jedoch in gewissen Fällen auch auf Mechanismen, die nicht mit dem Fehlen von spezifischen Receptoren an der Zelloberfläche, sondern mit späteren Stadien der Virus-Infektion zusammenhängen [118, 333, 719].

Penetration und Eclipse. Im Gegensatz zu den Bakteriophagen verfügen die tierischen Viren über keinen speziellen Mechanismus für die Injektion der Virus-Nucleinsäure in die Zelle, sondern die Penetration kommt ohne vorherige Aufspaltung in Virus-Nucleinsäure und -Protein und vermutlich unter aktiver Beteiligung der Zelle, möglicherweise durch Pinocytose, zustande. Ebenso ist offenbar die Eclipse an bestimmte celluläre Aktivitäten gebunden; diese Vorstellung wird gestützt durch Beobachtungen, daß eine Resistenz gegen die Virusinfektion durch die Unfähigkeit der Zelle, die Eclipse einzuleiten, bedingt sein kann [118, 333]. In Untersuchungen an Poliovirus hat sich gezeigt, daß die Eclipse dieses Virus bereits an der Zellmembran ausgelöst wird; in Zellhomogenaten wird einzig in der Membran-Fraktion neben der Adsorption auch eine irreversible Eclipse des Virus beobachtet [337]. In Übereinstimmung mit diesen Ergebnissen ließen sich zwischen der Adsorption an die Receptoren der Zell-Oberfläche und der Eclipse keine infektiösen Poliovirus-Partikel im Innern der Zellen nachweisen [333]. Die Eclipse des Poliovirus scheint in ihrem ersten Stadium nicht durch die Entfernung der Proteinhülle, sondern durch deren strukturelle Umlagerung charakterisiert zu sein, wodurch gleichzeitig die Neutralisierbarkeit durch Antikörper und die Nachweisbarkeit der Virus-Partikel auf Grund der Infektivität verloren geht. Bei anderen Viren sind die Verhältnisse wiederum ganz verschieden. So deuten Beobachtungen an DNS-Viren der Pocken-Gruppe darauf hin, daß die penetrierten Virus-Partikel zuerst bestimmte celluläre, mit RNS- und Protein-Synthese verbundene Prozesse induzieren, worauf erst die Virus-DNS von ihrer Hülle befreit und damit die Eclipse eingeleitet wird [72, 364, 365].

Die Synthese der Virus-Nucleinsäuren und -Proteine. Hinsichtlich der Synthese der Virus-Nucleinsäuren und -Proteine ist die Herkunft der für den Aufbau dieser Makromoleküle benötigten Nucleotide und Aminosäuren von Interesse. Wie aus Untersuchungen an Poliovirus hervorgeht, findet kein Einbau von cellulären Nucleinsäuren in die Virus-Nucleinsäure statt, sondern die Virus-Nucleinsäuren werden aus dem Nucleotid-Pool der Zelle synthetisiert [113, 592]. Ebenso wird das Virus-Protein aus dem Aminosäure-Pool der Zelle aufgebaut [113, 115]. Für das Vaccinia-

und Adenovirus ist weiterhin gezeigt worden, daß das für die Virus-DNS benötigte Thymin zu einem beträchtlichen Teil neu synthetisiert werden muß [267, 586]. Im Falle des Poliovirus findet die Synthese von Virus-Nucleinsäure fast gleichzeitig mit derjenigen des Virus-Proteins statt [113, 116], während bei vielen anderen Viren die Nucleinsäure einige Zeit vor dem Virus-Protein entsteht [116, 267, 586, 593]. Mit Hilfe von Zellkulturen ist auch der Frage nach den Wuchsstoffbedürfnissen für die Virus-Synthese nachgegangen worden, und es hat sich gezeigt, daß diese meist weniger umfangreich sind als diejenigen für die Zellvermehrung. So genügen im allgemeinen die üblichen Mineralien, Glucose und Glutamin [112, 163], während in sehr verdünnten Zellpopulationen noch die übrigen, neben Glutamin für die Zellen essentiellen Aminosäuren sowie Serumalbumin benötigt werden [114]. In gewissen Fällen haben sich jedoch, offenbar unabhängig von der Zelldichte, neben einer Anzahl von Aminosäuren [16, 689] auch verschiedene Vitamine [17] als für die Virusproduktion notwendig erwiesen.

Der Mechanismus der durch das Virus-Genom induzierten und kontrollierten Synthese neuer Virus-Partikel ist für DNS- und RNS-Viren etwas verschieden. Bei den DNS-Viren tritt deren Nucleinsäure im Zellstoffwechsel sozusagen an die Stelle der cellulären DNS, und die Synthese neuer Virus-DNS erfolgt offenbar im wesentlichen nach den gleichen Gesetzmäßigkeiten wie die der DNS nichtinfizierter Wirtszellen [144, 267]. Weiterhin ist anzunehmen, daß die Virus-DNS zur Synthese entsprechender Messenger-RNS Anlaß gibt, die dann die Information für die Synthese des Virus-Proteins auf die Ribosomen der Zelle überträgt. So wurde beschrieben, daß nach Infektion mit Vaccinia-Virus die neugebildete RNS in ihrer Basenzusammensetzung der Virus-DNS gleicht [594]. Weiterhin wird durch Actinomycin D, das spezifisch die Bildung von RNS blockiert, die Synthese von DNS-Viren gehemmt [563, 637], und auch andere Beobachtungen deuten auf die Notwendigkeit der RNS-Synthese für die Vermehrung von DNS-Viren hin [688].

Für das Verständnis der Replikation der RNS-Viren reichen dagegen die aus der Biochemie der Wirtszelle gewonnenen Erkenntnisse nicht aus. Es konnte gezeigt werden, daß für den Aufbau von RNS-Viren keine Synthese von DNS [587, 593, 644] oder von cellulärer Messenger-RNS [239, 563] nötig ist. Dagegen tritt in infizierten Zellen als neues Enzym eine RNS-Polymerase auf, die die Synthese der Virus-RNS katalysiert [19, 21, 23]. Es bestehen dabei gute Anhaltspunkte für die Vorstellung, daß diese Polymerase die RNS des infizierenden Virus als Matrix für die Nucleotidsequenz der neugebildeten Virus-RNS benötigt [19, 144, 183, 239], und daß deshalb die Synthese der Virus-RNS unabhängig von der cellulären DNS im Cytoplasma stattfindet [240, 332, 336]. Außerdem übt die Virus-RNS die Funktion einer Messenger-RNS aus, die an den Ribosomen der Wirtszelle die Synthese des Virus-Proteins, der RNS-Polymerase sowie weiterer Proteine bewirkt [144, 239, 731]. Im Falle von Poliovirus findet die Proteinsynthese in relativ großen Polyribosomen-Komplexen statt [568], die an Membranstrukturen der Wirtszelle gebunden sind und sich dadurch von den Strukturelementen der Proteinsynthese in der nicht-infizierten Zelle unterscheiden [20, 44, 526].

Maturation und Liberation. Über die Gesetzmäßigkeiten, die für die Maturation des Virus, d. h. die Umhüllung der neugebildeten Virus-Nucleinsäure mit der Proteinhülle, bestimmend sind, ist noch wenig bekannt. Bei gewissen Viren, insbesondere den Tumorviren der Vögel sowie bei den Myxoviren [440], erfolgt jedoch die Maturation erst beim Austritt aus der Zelle durch die Zellmembran, so daß in diesen Fällen Maturation und Liberation miteinander eng zusammenhängen. Bei anderen Virus-Zell-Systemen erfolgt die Liberation offenbar infolge der schweren Schädigung der Wirtszelle durch die im Laufe der Virus-Infektion ablaufenden Vorgänge.

Hemmung und Induzierung cellulärer Aktivitäten und Synthese neuer Enzyme im Laufe der Virus-Infektion. Es hat sich in den letzten Jahren immer deutlicher gezeigt, daß die Aktivitäten der Wirtszelle nicht nur infolge der bei der Virusreplikation ablaufenden synthetischen Vorgänge beeinträchtigt werden, sondern daß das Virus bestimmte Prozesse in der Wirtszelle spezifisch zu blockieren vermag. So wird die mitotische Aktivität von Zellkulturen nach Infektion mit Herpes- oder Adenovirus sehr rasch unterbrochen [267, 669]. Die Infektion durch gewisse andere Viren wie Influenza-Virus ist allerdings mit einer mitotischen Aktivität der Zellen vereinbar [742]. Als weitere Folge der Virus-Infektion geht in vielen Fällen die Fähigkeit der Wirtszelle zur Synthese von zelleigener RNS [219, 334, 589, 590, 763] sowie von DNS [590] und Protein [24, 342, 590] frühzeitig nach der Virus-Infektion verloren. Diese Blockierung synthetischer Aktivitäten der Wirtszelle erfordert eine offenbar durch die Virus-Nucleinsäure induzierte Synthese von Protein [18, 24, 111, 239] und äußert sich in erster Linie in einer Unterbrechung der Synthese von cellulärer Messenger-RNS [18, 22, 239, 331]. Diese Fähigkeit des Virus zur Blockierung synthetischer Prozesse der Wirtszelle dürfte die Grundlage der Umstellung des cellulären Stoffwechsels auf die Bedürfnisse der Virus-Synthese darstellen.

Neben der Hemmung cellulärer Aktivitäten führt die Virus-Infektion aber auch zum Auftreten neuer Enzyme. Während die RNS-Viren die Synthese der schon erwähnten RNS-abhängigen RNS-Polymerase veranlassen, sind unter den DNS-Viren vor allem diejenigen, deren Vermehrung im Cytoplasma der Wirtszelle vor sich geht, wie z. B. Vaccinia-Virus [53], dadurch charakterisiert, daß sie eine Bildung von Enzymen der DNS-Synthese, wie Thymidin-Kinase, Thymidylat-Kinase und DNS-Polymerase, auslösen [267, 269, 374, 375, 377, 432]. Die unter der Kontrolle des Virus-Genoms neugebildeten Enzyme weisen oft gegenüber den Enzymen der Wirtszelle andere Eigenschaften in bezug auf Substrat-Affinität [447, 638], Empfindlichkeit gegenüber Hemmstoffen [433] oder Thermostabilität [447] auf. Nach Infektion mit Adenovirus, dessen Vermehrung im Zellkern stattfindet, wurden anderseits bisher keine wesentlichen Veränderungen der cellulären Enzymaktivitäten gefunden [269]. Nach Infektion von Zellkulturen mit Herpes simplex [300, 665] und Adenovirus [666] sind ferner Chromosomen-Veränderungen beobachtet worden. Schließlich ist die Induzierung von Zellfusionen unter Ausbildung vielkerniger Riesenzellen nach Infektion mit Sendai-Virus [499] und Herpes simplex [69] zu erwähnen.

Interferon. Eine besondere Reaktion der Zelle auf die Virus-Infektion, die bisher an pflanzlichen und bakteriellen Zellen nicht beobachtet wurde und somit für die tierische Zelle typisch zu sein scheint, betrifft die Produktion von Interferon. Interferon wurde entdeckt im Zusammenhang mit der Beobachtung, daß nach Inkubation mit Hitze-inaktiviertem Virus die betroffenen Zellen eine Substanz produzierten, die andere Zellkulturen vor den Folgen einer Infektion mit virulenten Viren zu schützen vermag [357]. Die Produktion von Interferon scheint dabei durch die Nucleinsäure-Komponente des Virus ausgelöst zu werden und läßt sich ebenfalls durch Inkubation von Zellkulturen mit RNS oder DNS induzieren [363]. Die heutigen

Erkenntnisse über Interferon sind in mehreren Übersichten zusammengefaßt [40, 355, 393, 727]. Wie die Antikörper besitzt Interferon die Eigenschaften eines Proteins, ist jedoch im Gegensatz zu immunologisch aktiven Eiweißen gegenüber den wichtigsten Gruppen von Viren in gleicher Weise wirksam [329, 358]. Dagegen besteht eine allerdings meist auf quantitative Unterschiede beschränkte Spezifität in bezug auf die Species der Wirtszelle [252, 673, 726]. Es hat sich ferner gezeigt, daß bei einer Infektion durch attenuierte Virus-Stämme eine höhere Produktion von Interferon zustande kommt als mit virulenten Stämmen.

Der Wirkungsmechanismus von Interferon ist noch nicht geklärt. Die Adsorption und Penetration des Virus wird von Interferon nicht beeinflußt, dagegen findet in Gegenwart von Interferon eine verminderte Synthese von Virus-Nucleinsäure statt, so daß anzunehmen ist, daß Interferon in die Vorgänge der Eclipse oder der Synthese der Virus-Nucleinsäure eingreift [424, 655]. Es hat sich weiterhin gezeigt, daß durch Interferon nicht nur die Vermehrung des Virus, sondern auch die Proliferation der Wirtszellen gehemmt werden kann [515]. Studien über die Wirkung von Interferon auf den Stoffwechsel der Wirtszelle haben zur Annahme einer Entkoppelung der oxydativen Phosphorylierung geführt [356], und die Beobachtung einer Beziehung zwischen antiviraler Wirksamkeit von Interferon und Sauerstoffgehalt des Milieus ist ebenfalls dahin interpretiert worden, daß durch Interferon ein für die Virus-Synthese notwendiger oxydativer Prozeß in der Zelle gehemmt wird [359]. Es ist schließlich von Interesse, daß die Synthese und die Wirksamkeit von Interferon in ähnlicher Weise wie immun-biologische Vorgänge durch Cortison gehemmt werden können [373], und daß die Wirkung von Interferon durch Blockierung der cellulären RNS- und Protein-Synthese unterdrückt wird [422].

Die Hemmung der Virus-Synthese durch pharmakologische Agentien. Als letzter Aspekt der Wechselwirkung zwischen Viren und Zellkulturen ist noch deren pharmakologische Beeinflussung zu besprechen. Im Gegensatz zur Prüfung carcinostatischer Substanzen haben Zellkulturen zweifellos einen nicht unbeträchtlichen Wert als Testobjekt für eine vorläufige Prüfung antiviraler Substanzen, indem das System der Virus-infizierten Zelle bereits Schlüsse auf den therapeutischen Index zu ziehen erlaubt. Es ist denn auch eine Reihe von Versuchsanordnungen für solche Prüfungen entwickelt worden [321, 322, 500]. Die wichtigsten der heute bekannten Wirkstoffe mit antiviralen Eigenschaften fallen in fünf Gruppen: die Harnstoffderivate unter Einschluß der Guanidine, die Benzimidazole, die Acridine, die heterocyclischen Thiosemicarbazone [584], sowie die halogenierten Pyrimidinderivate [321, 371]. Das Wirksamkeitsspektrum der verschiedenen antiviralen Substanzen ist im allgemeinen ziemlich scharf umrissen, wobei eng miteinander verwandte Viren zum Teil gut, zum Teil aber kaum oder gar nicht in ihrer Vermehrung beeinflußt werden [104, 191, 687]. Der Wirkungsmechanismus dieser Substanzen ist, abgesehen von den halogenierten Pyrimidinderivaten mit Antimetabolitcharakter, heute noch nicht geklärt. Für die Guanidine und Benzimidazolderivate, deren Spektrum vor allem viele kleine RNS-Viren umfaßt, steht jedoch fest, daß die Wirkung eine intracelluläre Phase der Virus-Vermehrung betrifft [191, 192, 425], und neuere Ergebnisse deuten darauf hin, daß diese Hemmstoffe die Funktion der Virus-RNS als Messenger-RNS für die Synthese neuer Proteine wie der RNS-Polymerase beeinträchtigen [19, 190, 687]. Im Gegensatz dazu scheint die Wirkung der Thiosemicarbazone auf der Unterdrückung der Maturation des Virus zu beruhen [14, 184].

10. Entstehung und Verhalten von Krebszellen in Kultur

Da sich die Vorstellung, daß der primäre Defekt bei neoplastischen Erkrankungen in den Krebszellen liegt, schon seit einiger Zeit ziemlich allgemein durchgesetzt hat, sind auf Zellkulturen als methodisches Hilfsmittel zur Aufklärung der grundsätzlichen Unterschiede zwischen normalen und Krebszellen große Hoffnungen gesetzt worden. Diese haben sich bisher leider nicht erfüllt, indem für die Erkennung des neoplastischen Charakters einer Zelle immer noch praktisch ausschließlich deren Verhalten im Gesamtorganismus maßgebend ist. Anderseits sind jedoch aus Untersuchungen an Zellkulturen bedeutende Beiträge zum Verständnis der Carcinogenese hervorgegangen, und daneben haben sich Zellkulturen in mancher Hinsicht als ein nützliches Modellsystem erwiesen für das Studium der ungehemmten Zellproliferation, wie sie für das neoplastische Wachstum typisch ist. Die Bedeutung von Zellkulturen für die Krebsforschung ist denn auch bereits in den letzten Jahren in verschiedenen Übersichten zur Darstellung gelangt [485, 520].

Entstehung und Verlust neoplastischer Eigenschaften in Zellkultur. Es hat sich an vielen Beispielen gezeigt, daß in Zellkulturen aus normalen Geweben mit der Zeit spontan Zellen mit neoplastischen Eigenschaften auftreten können, die dann nach Injektion in immunogenetisch geeignete (isologe) Versuchstiere zu malignen Tumoren führen [249, 601]. Diese Transformation in maligne Zelltypen scheint ein gewissermaßen vom Zufall abhängiges Ereignis zu sein, das in parallelen Kulturen früher oder später auftreten oder auch während der ganzen, oft beträchtlichen Dauer der Untersuchung ausbleiben kann [595, 605]. Die Malignität kann außerdem quantitativ abgestuft sein, indem unter Umständen selbst bei Verwendung genetisch einheitlicher Zellkultur-Populationen nur in einem Teil der Versuchstiere nach Injektion der Zellen aus der Kultur Tumoren auftreten, oder indem die Dauer der Latenzzeit bis zum Auftreten erkennbarer Tumoren variiert [607].

Es stellt sich hier die Frage, ob die bereits beschriebene „Transformation" von Primärkulturen in Zellstämme mit fortgesetzter exponentieller Zellvermehrung in Beziehung gebracht werden kann mit dem Auftreten von Zellen mit neoplastischen Eigenschaften. Zweifellos bestehen zwischen den beiden Vorgängen viele Parallelen, indem z. B. die Tendenz zur Ausbildung polyploider und aneuploider Chromosomensätze sowohl bei der Entstehung permanenter Zellstämme in vitro wie auch bei der Carcinogenese in verstärktem Maße in Erscheinung tritt. Anderseits scheint es jedoch, daß diese beiden Phänomene einander nicht gleichgesetzt werden dürfen, da Zellstämme beschrieben worden sind, die zwar eine Transformation durchlaufen haben, jedoch keine neoplastischen Eigenschaften aufweisen [35].

Neben dem Auftreten neoplastischer Eigenschaften ist auch der entgegengesetzte Vorgang beschrieben worden, daß nämlich bei fortgesetzter Kultur von Tumorzellstämmen die Malignität allmählich verloren gehen kann [121, 347, 602]. Es ist hier allerdings kaum möglich, mit Sicherheit einen Verlust der neoplastischen Charakteristiken abzugrenzen gegen eine immunologische Veränderung der Zellen, die dann dazu führt, daß es nach Injektion in die entsprechenden Versuchstiere zu einer „Homograft"-Reaktion kommt, wodurch ein Angehen der Tumorzellen verhindert wird. In der Tat sind in solchen Fällen mehrfach immunologische Differenzen zwischen Wirtstier und den in vitro gezüchteten Zellen nachgewiesen worden [347, 602], und auf die Bedeutung immunologischer Mechanismen weist auch die Beobachtung hin, daß nach Bestrahlung der Versuchstiere die Injektion von Zellen aus der Kultur vermehrt zum Auftreten von Tumoren führt [605, 607].

Wirkung carcinogener Agentien. Sehr eingehend ist die Wirkung von carcinogenen Kohlenwasserstoffen wie Methylcholanthren auf Zellkulturen untersucht worden [182]. Obschon aus den anfänglichen Ergebnissen auf eine carcinogene Wirkung des Methylcholanthrens in vitro geschlossen wurde [174], konnte später in ausgedehnteren Versuchen keine Korrelation zwischen der Einwirkung des Carcinogens und der Fähigkeit der Kulturen zur Produktion von Tumoren festgestellt werden, indem es auch ohne Zusatz von Carcinogen zum schon beschriebenen Auftreten von Zellen mit neoplastischen Eigenschaften kam [173, 178, 180, 601]. Kürzlich ist erneut eine „Transformation" von Zellen in Kultur durch carcinogene Kohlenwasserstoffe wie Methylcholanthren und Benzpyren beschrieben worden, die bei Abwesenheit dieser Substanzen nicht auftrat und somit eine spezifische Wirkung darzustellen scheint [48]. Der neoplastische Charakter der auf diese Weise transformierten Zellen ist allerdings noch nicht durch Injektion in vivo geprüft worden.

Im Zusammenhang mit den von WARBURG entwickelten Vorstellungen über den Sauerstoffmangel als Ursache der neoplastischen Entartung [730] haben Versuche über die Induzierung maligner Eigenschaften in Zellkulturen durch Entzug von Sauerstoff besonderes Interesse gefunden [257]. Allerdings stand in diesen Arbeiten zwei Kulturen unter intermittierend anaeroben Bedingungen nur eine Kultur unter aeroben Kontroll-Bedingungen gegenüber, und in Anbetracht des häufig beobachteten spontanen Auftretens maligner Eigenschaften in Zellkulturen erscheinen deshalb die Versuche für verallgemeinernde Schlußfolgerungen zu wenig umfangreich. Zudem ist darauf hingewiesen worden, daß die durch Einleitung von Stickstoff erzeugte Anaerobiose vermutlich mit einer Alkalisierung des Kulturmediums verbunden war [308], und schließlich wird eine eindeutige Interpretation der Ergebnisse dadurch erschwert, daß die Prüfung der Kulturen auf neoplastische Eigenschaften durch Injektion in nicht isologe Versuchstiere erfolgte.

Während somit die Untersuchungen über die spontane und die durch chemische Beeinflussung induzierte Entwicklung neoplastischer Zelltypen in Zellkulturen zu eher bescheidenen Resultaten geführt haben, sind anderseits durch die Analyse der Virus-bedingten Carcinogenese in vitro unsere Erkenntnisse über die Vorgänge bei dieser Form der Umwandlungen einer normalen in eine Krebszelle in bemerkenswerter Weise erweitert worden. Es sollen hier wiederum wie bei der Besprechung der Wechselwirkung mit nicht-onkogenen Viren nur einige Gesichtspunkte der neoplastischen Transformation in Zellkulturen besprochen werden, da über die allgemeinen Probleme der Tumorviren bereits verschiedene Übersichten vorliegen [41, 144, 145, 271, 292, 488, 753].

Wechselwirkung von Zellkulturen mit dem ROUS- und dem Myeloblastose-Virus. Bereits CARREL gelang es, das Virus des ROUS-Sarkoms in Gewebskulturen zu züchten und den Nachweis für dessen Vermehrung in vitro zu erbringen [78]. Die Umwandlung normaler in neoplastische Zellen ist an Zellkulturen bisher am eingehendsten mit Hilfe der Viren des ROUS-Sarkoms und der Hühner-Myeloblastose sowie des Polyoma-Virus und des „Simian vacuolating virus" (SV 40) untersucht worden. Die RNS-Viren des ROUS-Sarkoms und der Hühner-Myeloblastose, deren Wirtsspektrum auf Vögel beschränkt ist, zeigen, zusammen mit den übrigen Vogel-spezifischen Neoplasie-Viren, in ihren Eigenschaften viele Ähnlichkeiten [576], während das Polyoma-Virus ebenso wie SV 40, beides DNS-Viren mit einem auf Säuger ausgerichteten Wirtsspektrum, ein in mancher Hinsicht verschiedenartiges Verhalten aufweisen, so daß eine getrennte Besprechung angezeigt ist.

Für die Vermehrung des Rous-Virus haben sich Kulturen von Fibroblasten [426, 604] sowie Zellkulturen aus Hühner-Embryonen [695] als geeignetes Substrat erwiesen, während andere Zelltypen wie Monocyten aus Hühnerblut dafür entgegen früheren Befunden nicht geeignet sind [426, 604]. Das Myeloblastose-Virus scheint sich dagegen in Kulturen sämtlicher Zelltypen aus Hühnern zu vermehren. Das Rous-Virus bewirkt in Kulturen von Hühnerembryo-Zellen Veränderungen der Zellmorphologie [693, 695]. Die infizierten Zellen gehen jedoch nicht zugrunde, sondern vermehren sich weiter [696]. Die durch das Virus transformierten Zellen weisen neben morphologischen Veränderungen nach der Injektion in geeignete Versuchstiere neoplastische Eigenschaften auf, und es konnte gezeigt werden, daß die entstehenden Tumoren von den injizierten, in Kultur transformierten Zellen abstammen und somit nicht durch gleichzeitig injiziertes Virus in vivo neu induziert werden [475]. Verschiedene Untersuchungen haben ergeben, daß die Maturation des Rous-Virus an der Zelloberfläche stattfindet, indem der größte Teil des „intracellulären" Virus durch Behandlung mit Trypsin entfernt oder durch Antiseren neutralisiert werden kann [725]. Die Gegenwart großer Mengen von Virus-Material im Bereich der Zellmembran hat weiterhin zur Auffassung geführt, daß das Virus-induzierte neoplastische Verhalten auf veränderten Eigenschaften der Zellmembran, wie dem Verlust der Kontakt-Inhibition beruht [725]. Die Veränderungen der Zelloberfläche nach Infektion mit Tumor-Viren sind im übrigen in einer Übersicht kürzlich ausführlich diskutiert worden [724].

Obschon es gelingt, isolierte transformierte Zellen zu züchten, in denen vorübergehend keine Produktion von Rous-Virus mehr nachweisbar ist, setzt in der Mehrzahl solcher Zellen nach einiger Zeit oder nach Superinfektion mit einem verwandten Virus die Synthese von Rous-Virus wiederum ein [541, 694]. Versuche, mit Hilfe antiviraler Antikörper Virus-freie Rous-Sarkom-Zellen in Kultur zu züchten, waren ebenfalls nicht erfolgreich [556]. Neuere Untersuchungen haben ergeben, daß das Rous-Virus im allgemeinen zusammen mit einem zweiten, verwandten Virus („Rous-associated virus") auftritt. Das Rous-Virus ist imstande, die infizierten Zellen zu transformieren, und nach der Infektion findet auch eine Vermehrung der Rous-Virus-RNS statt. Jedoch fehlt dem Rous-Virus die Befähigung zur Synthese der Proteinhülle, so daß infektiöse Virus-Partikel nur bei Infektion der Zelle mit einem zweiten, verwandten Virus gebildet werden können [301, 302]. In Abwesenheit eines solchen „Hilfs-Virus" bleibt somit die Rous-Virus-RNS ohne Produktion von intaktem Virus in den betreffenden transformierten Zellen in latenter Form erhalten.

Es hat sich gezeigt, daß die Fähigkeit der Zellen zur Vermehrung ebenso wie zur Produktion von Rous-Virus eine hohe Empfindlichkeit gegen ionisierende Strahlen aufweist, während die Synthese anderer Viren durch ionisierende Strahlen viel weniger leicht gehemmt wird. Außerdem läßt sich die Synthese von Rous-Virus durch Hemmstoffe wie Mitomycin oder Actinomycin D unterdrücken, die auf die DNS und die DNS-abhängige RNS-Synthese der Wirtszelle einwirken. Diese Befunde haben zur Annahme geführt, daß vor der Vermehrung des Rous-Virus eine „Integration" zwischen dem Genom des Virus und demjenigen der Wirtszelle stattfinden muß [577], und daß DNS-abhängige Vorgänge für die Vermehrung des Virus notwendig sind [717].

Mit dem Myeloblastose-Virus lassen sich Kulturen aller Zelltypen aus embryonalen oder erwachsenen Hühner-Geweben infizieren, und jede infizierte Zelle beginnt neues Virus zu produzieren. Jedoch führt die Infektion mit dem Virus nur bei bestimmten Zellen, die möglicherweise Stammzellen der Granulopoese darstellen und als „Target"-Zellen bezeichnet werden, zur Transformation in „Myeloblasten" mit malignen Eigenschaften [25, 26]. So kommt es z. B. in Knochenmarkskulturen in vitro nach Infektion mit dem Virus zum Auftreten von proliferierenden, ihrerseits Virus freisetzenden Myeloblasten [42]. Daneben werden bestimmte andere Zelltypen nach der Infektion mit dem Virus in Osteoblasten mit vermutlich ebenfalls malignen Charakteristiken umgewandelt. Die malignen Myeloblasten vermehren sich in Kultur mit einer relativ langen Generationszeit von zwei bis vier Tagen, und unter fortgesetzter Produktion von Virus. Während einerseits eine zeitlich unbeschränkte Zellproliferation in Myeloblasten-Kulturen beschrieben wurde [43], ergab sich im Gegensatz dazu nach Isolierung einzelner Zellen, daß sich die Zellvermehrung nach einigen Wochen verlangsamt und schließlich unter degenerativen Veränderungen der Zellen ganz aufhört, so daß offenbar das biologische Gleichgewicht zwischen Virus und Wirtszelle nicht stabil ist, sondern allmählich zur Zerstörung der Zellen neigt [25].

Wechselwirkung von Zellkulturen mit dem Polyoma-Virus und mit SV 40. Diese beiden Viren sind auf Säuger als Wirtstiere spezialisiert und deshalb von besonderem Interesse [280]. Polyoma-Virus läßt sich leicht in Kulturen embryonaler Mäuse-Zellen züchten [187, 188, 663] und bewirkt in der Mehrzahl der infizierten Zellen cytopathische Veränderungen in ähnlicher Weise wie andere, nicht carcinogene Viren. Daneben kommt es aber in einigen Zellen zu einer Transformation unter Erwerbung neoplastischer Eigenschaften. Da in Hamster-Zellkulturen die cytopathischen Effekte fast vollständig fehlen und nur die transformierende Wirkung des Polyoma-Virus in Erscheinung tritt, eignen sich diese besonders gut für das Studium der neoplastischen Umwandlung [582, 668, 720], und auch für Versuche über die transformierende Wirkung von SV 40 sind Hamster-Zellkulturen mit Erfolg herangezogen worden [11, 50, 51, 557, 640]. Die neoplastisch transformierten Zellen unterscheiden sich unter geeigneten Bedingungen bereits in vitro von normalen Zellen durch ein verändertes Verhalten beim Auswachsen auf der Oberfläche des Kulturgefäßes, durch eine erhöhte Kolonie-Ausbeute bei der Züchtung isolierter Zellen [429, 660], durch die Fähigkeit zur Vermehrung in halbfestem Agar [430, 469], durch einen modifizierten Zellstoffwechsel [51, 429] sowie in vielen Fällen durch den mit einer Zunahme der Mucopolysaccharide an der Zelloberfläche [123] verbundenen Verlust der Kontakt-Inhibition [51, 708, 721], wodurch es zur Ausbildung mehrzelliger Schichten kommt. Nach Injektion in geeignete Versuchstiere erzeugen die transformierten Zellen maligne Tumoren, wobei im Falle von Polyoma-Virus durch Analyse der Transplantierbarkeit der entstandenen Tumoren gezeigt werden konnte, daß sie durch die in vitro transformierten Zellen und nicht durch eventuell zugleich injiziertes Virus zustande kommen [598].

Die geringe Ausbeute transformierter Zellen nach Infektion einer Hamster-Zellkultur mit Polyoma-Virus ist nicht dadurch bedingt, daß die übrigen Zellen auf Grund ihrer genetischen Konstitution nicht zur Transformation befähigt sind, da auch in genetisch einheitlichen Zellpopulationen eine ähnlich geringe Ausbeute an transformierten Zellen erreicht wird [431, 583]. Werden anderseits nach Infektion von Hamster-Zellkulturen nicht-transformierte Zellen isoliert und zu genetisch einheitlichen Kulturen weitergezüchtet, wird in diesen nach neuerlicher Infektion mit dem Virus wiederum eine Ausbeute an transformierten Zellen erzielt, die der ursprünglichen weitgehend entspricht [667].

Neuere Untersuchungen haben zur Vorstellung geführt, daß die Umwandlung normaler in neoplastische Zellen nach Infektion mit Polyoma-Virus in zwei Stufen erfolgt [709, 721, 723]. Die erste Stufe stellt eine direkte Folge der Infektion mit dem Virus dar und scheint vor allem zu einer gesteigerten Mutabilität der Zellen zu führen. Auf Grund dieser erhöhten Mutabilität kommt es dann — vermutlich ohne weitere Beteiligung des Virus — in einem zweiten Stadium zur Ausbildung eines weiten Spektrums von Veränderungen der Morphologie und des biochemischen Verhaltens in vitro, verbunden mit der Befähigung der Zellen zur fortgesetzten Vermehrung in Kultur. Dabei treten unabhängig von der Art und vom Ausmaß der morphologischen Veränderung in sämtlichen transformierten Zellen neoplastische Eigenschaften auf, die sich in der Produktion von Tumoren nach Injektion der Zellen in geeignete Versuchstiere äußern [662]. Es scheint, daß die neoplastische Umwandlung permanenter Zellstämme im Gegensatz zu derjenigen kurzfristiger Kulturen in einem einzigen Schritt erfolgen kann, indem möglicherweise der Übergang in den permanenten Zellstamm eine der beiden Stufen der neoplastischen Transformation sozusagen vorwegnimmt [431, 723]. Außerdem konnte gezeigt werden, daß die Infektion mit SV 40 in menschlichen Fibroblastenkulturen zur „Transformation" in permanente Zellstämme [710] und zu Chromosomen-Veränderungen [386, 639, 752] führt. Damit ist die Entstehung permanenter Zellstämme und die Ausbildung neoplastischer Eigenschaften in eine interessante Beziehung gebracht worden.

Im Gegensatz zu den Verhältnissen bei den Tumorviren der Vögel lassen sich durch Polyoma-Virus und SV 40 neoplastisch transformierte Zellen unter bestimmten Bedingungen so weiterzüchten, daß das Virus in den Kulturen weder intracellulär noch extracellulär mehr nachweisbar ist [11, 50, 640, 722]. Auch als sogenanntes Provirus, entsprechend den Verhältnissen in lysogenen Bakterien, oder als infektiöse Nucleinsäure konnte das Polyoma-Virus in solchen Kulturen nicht mehr festgestellt werden [11]. Trotz der Abwesenheit des Virus bleiben jedoch die neoplastischen Eigenschaften der transformierten Zellen erhalten, so daß die Viren also nur als transformierendes Agens, nicht jedoch für das Fortbestehen des neoplastischen Charakters der Zellen eine Rolle spielen [143, 147].

Jedoch lassen sich in den transformierten Zellen neue Antigene nachweisen [52, 277, 278, 279, 652], die für Polyomavirus- bzw. SV 40-induzierte Tumoren spezifisch sind [52, 276] und auf die Möglichkeit hinweisen, daß ein Teil des Virus-Genoms in den Zellen erhalten bleibt, auch nachdem das Virus als solches nicht mehr nachweisbar ist. Auch nach der Transformation von Zellkulturen durch das carcinogene Adenovirus Typ 12 ist ein neues Antigen in den Zellen festgestellt worden, doch steht der neoplastische Charakter der in vitro transformierten Zellen noch offen [448]. Durch alle diese Studien sind zwar viele Einzelheiten der Wechselwirkung zwischen carcinogenen Viren und Wirtszelle bekanntgeworden, jedoch herrscht bis heute noch keine Klarheit über den Mechanismus, auf Grund dessen die Infektion mit dem Virus zur Umwandlung in eine Zelle mit neoplastischen Eigenschaften führt.

Die Frage der Charakterisierung neoplastischer Zellen in Kultur. Im Gegensatz zu den Untersuchungen über die Carcinogenese haben Versuche, qualitative Unterschiede zwischen normalen und Krebszellen in Zellkulturen zu finden, zu keinen wesentlichen Erfolgen geführt. Morphologisch lassen sich in Kultur normale Zellen nicht generell von Krebszellen unterscheiden [396]. Es ist in Betracht gezogen worden, daß sich Tumorzellen gegenüber normalen Zellen durch den Verlust der Kontakt-Inhibition [3] auszeichnen [2], die dafür verantwortlich ist, daß die Zellvermehrung nach Bildung eines die gesamte Oberfläche des Kulturgefäßes bedeckenden Monolayers aufhört, so daß es nicht zu dreidimensionalen Zellanhäufungen an der Glasoberfläche kommt. Dieser Verlust der Kontakt-Inhibition dient zwar als nützliches Kennzeichen bei der Transformation von Zellkulturen durch carcinogene Viren, jedoch sind Tumor-Zellstämme beschrieben worden, bei denen die Kontakt-Inhibition voll wirksam ist [124], so daß dieses Kriterium sicherlich nicht allgemeine Gültigkeit hat.

Die Beziehungen zwischen Chromosomen-Konstitution und Carcinogenese in Zellkulturen sind vielfach untersucht worden. Einerseits treten häufig in Zellkulturen mit der Zeit chromosomale Abnormalitäten auf, ohne daß die Zellen neoplastische Eigenschaften aufweisen würden [520]. Daneben kommt es aber auch, besonders unter der Einwirkung carcinogener Viren, zur neoplastischen Transformation unter gleichzeitiger Erhaltung der normalen Chromosomen-Konstitution, die dann erst mit der Zeit eventuell modifiziert wird [429]. Aus diesen Ergebnissen ist offenbar zu schließen, daß Veränderungen der Chromosomen-Konstitution sowohl als Folge der fortgesetzten Vermehrung in vitro und als Begleiterscheinung der Umwandlung in einen permanenten Zellstamm, ebenso aber auch als Konsequenz der neoplastischen Umwandlung auftreten können, daß jedoch keine direkte Korrelation zwischen chromosomalen Abnormalitäten und Carcinogenese in Zellkultur besteht.

Was biochemische Charakteristiken anbetrifft, ist insbesondere WARBURGs Theorie, daß sich Krebszellen gegenüber normalen Zellen durch eine erhöhte Glykolyse und verminderte Atmung unterscheiden, in verschiedenen Untersuchungen geprüft worden. Während in gewissen Fällen die Resultate mit der Theorie in Einklang standen [273, 754], konnte diese in anderen Versuchen nicht bestätigt werden [268, 344, 398], so daß die Vorstellung eines grundsätzlichen Unterschieds im Kohlenhydrat-Stoffwechsel an Zellkulturen sicher nicht allgemein aufrechterhalten werden kann.

Ein interessanter Beitrag hinsichtlich eines eventuellen biochemischen Unterschieds zwischen normalen und neoplastischen Zellen in Kultur stammt aus Untersuchungen über den zeitlichen Verlauf synthetischer Aktivitäten im Zellkern. Es konnte gezeigt werden, daß in Krebszellkulturen die Protein- und RNS-Synthese im Zellkern mehr oder weniger kontinuierlich vor sich geht, während sie in Kulturen normaler Zellen im wesentlichen erst beim Beginn der S-Phase einsetzt [633, 634]. Allerdings wurden dabei kurzfristige Kulturen normaler Zellen untersucht, welche sich mit den als Beispiele für Krebszellen herangezogenen Kulturen von HeLa- und L-Zellen nur bedingt vergleichen lassen.

Da somit bisher keine zuverlässigen Kriterien zur Unterscheidung normaler und neoplastischer Zellen in Kultur gefunden worden sind, ist es von großer Bedeutung, daß FOLEY u. Mitarb. einen Test in vivo entwickelt haben, der es gestattet, zwischen Kulturen normalen und neoplastischen Ursprungs zu unterscheiden. Diese Unterscheidung gelingt auch dann, wenn keine immunologisch kompatiblen Versuchstiere zur Verfügung stehen, wie z. B. im Falle aller Kulturen menschlicher Zellen. Der Test besteht darin, daß abgestufte Mengen der betreffenden Zellen in die Backentaschen Syrischer Hamster implantiert werden. Handelt es sich um Krebszellen, erfolgt ein Wachstum des Implantats nach Injektion von 10^4 oder weniger Zellen, während bei

Kulturen normalen Ursprungs mit ganz wenigen Ausnahmen mindestens 10^5 Zellen für ein Angehen des Implantats notwendig sind. Der Unterschied zwischen normalem und neoplastischem Charakter der Zellen erscheint also hier als gewissermaßen zufällige Grenzziehung in einem weiten Spektrum quantitativ abgestufter Transplantabilitäten [234, 235]. Die Bedeutung dieses Tests wird allerdings dadurch etwas eingeschränkt, daß sich einige normale Zellstämme, besonders solche embryonalen Ursprungs, dabei wie neoplastische Zellstämme verhielten. Außerdem wäre es für eine eingehendere Beurteilung wünschenswert, bei der Entwicklung neoplastischer Eigenschaften in Kultur die Transplantabilität in den Hamstern mit derjenigen in immunologisch kompatiblen Inzucht-Tieren zu vergleichen.

Literatur

[1] Abbo, F. E., and A. B. Pardee: Synthesis of macromolecules in synchronously dividing bacteria. Biochim. biophys. Acta 39, 478—485 (1960).

[2] Abercrombie, M., and E. J. Ambrose: The surface properties of cancer cells. Cancer Res. 22, 525—548 (1962).

[3] —, and J. E. M. Heaysman: Observations on the social behaviour of cells in tissue culture. II. "Monolayering" of fibroblasts. Exp. Cell Res. 6, 293—306 (1954).

[4] Ackermann W. W., and T. Francis: Characteristics of viral development in isolated tissues. Adv. Virus Res. 2, 81—108 (1954).

[5] Alexander, H. E., G. Koch, I. M. Mountain, and O. van Damme: Infectivity of ribonucleic acid from poliovirus in human cell monolayers. J. exp. Med. 108, 493—506 (1958).

[6] — — —, K. Sprunt, and O. van Damme: Infectivity of ribonucleic acid of poliovirus on HeLa cell monolayers. Virology 5, 172—173 (1958).

[7] Alexander, P.: Mouse lymphoma cells with different radiosensitivities. Nature 192, 572—573 (1961).

[8] —, and Z. B. Mikulski: Differences in the response of leukaemia cells in tissue culture to nitrogen mustard and to dimethyl myleran. Biochem. Pharmacol. 5, 275—282 (1961).

[9] Amos, H., and M. O. Moore: Influence of bacterial ribonucleic acid on animal cells in culture. I. Stimulation of protein synthesis. Exp. Cell Res. 32, 1—13 (1963).

[10] Aronow, L.: Studies on drug resistance in mammalian cells. I. Amethopterin resistance in mouse fibroblasts. J. Pharmacol. exp. Ther. 127, 116—121 (1959).

[11] Ashkenazi, A., and J. L. Melnick: Tumorigenicity of simian papovavirus SV40 and of virus-transformed cells. J. nat. Cancer Inst. 30, 1227—1265 (1963).

[12] Auerbach, V. H., and D. L. Walker: Further studies on the enzymic pattern of a cultured cell line from liver. Biochim. biophys. Acta 31, 268—269 (1959).

[13] Avery, O. T., C. M. MacLeod, and M. McCarty: Studies on the chemical nature of the substance inducing transformation of pneumococcal types. Induction of transformation by a desoxyribonucleic acid fraction isolated from pneumococcus type III. J. exp. Med. 79, 137—158 (1944).

[14] Bach, M. K., and W. E. Magee: Biochemical effects of isatin β-thiosemicarbazone on development of vaccinia virus. Proc. Soc. exp. Biol. Med. 110, 565—567 (1962).

[15] Bachtold, J. G., H. C. Bubel, and L. P. Gebhardt: The primary interaction of poliomyelitis virus with host cells of tissue culture origin. Virology 4, 582—589 (1957).

[16] Bader, J. P., and H. R. Morgan: Latent viral infection of cells in tissue culture. VI. Role of amino acids, glutamine, and glucose in psittacosis virus propagation in L cells. J. exp. Med. 108, 617—630 (1958).

[17] — — Latent viral infection of cells in tissue culture. VII. Role of water-soluble vitamins in psittacosis virus propagation in L cells. J. exp. Med. 113, 271—281 (1961).

[18] Balandin, I. G., and R. M. Franklin: The effect of Mengovirus infection on the activity of the DNA-dependent RNA polymerase of L-cells. II. Preliminary data on the inhibitory factor. Biochem. biophys. Res. Comm. 15, 27—32 (1964).

[19] BALTIMORE, D., H. J. EGGERS, R. M. FRANKLIN, and I. TAMM: Poliovirus-induced RNA polymerase and the effects of virus-specific inhibitors on its production. Proc. nat. Acad. Sci. 49, 843—849 (1963).

[20] — —, and I. TAMM: Altered location of protein synthesis in the cell after poliovirus infection. Biochim. biophys. Acta 76, 644—646 (1963).

[21] —, and R. M. FRANKLIN: Preliminary data on a virus-specific enzyme system responsible for the synthesis of viral RNA. Biochim. biophys. Res. Comm. 9, 388—392 (1962).

[22] — — The effect of mengovirus infection on the activity of the DNA-dependent RNA polymerase of L-cells. Proc. nat. Acad. Sci. 48, 1383—1390 (1962).

[23] — — A new ribonucleic acid polymerase appearing after mengovirus infection of L-cells. J. biol. Chem. 238, 3395—3400 (1963).

[24] — —, and J. CALLENDER: Mengovirus-induced inhibition of host ribonucleic acid and protein synthesis. Biochim. biophys. Acta 76, 425—430 (1963).

[25] BALUDA, M. A.: Properties of cells infected with avian myeloblastosis virus. Cold Spring Harbor Symp. quant. Biol. 27, 415—425 (1962).

[26] —, and I. E. GOETZ: Morphological conversion of cell cultures by avian myeloblastosis virus. Virology 15, 185—199 (1961).

[27] BARBAN, S., and H. O. SCHULZE: Metabolism of tissue culture cells. The presence in HeLa cells of the enzymes of the citric acid cycle. J. biol. Chem. 222, 665—670 (1956).

[28] — — Transamination reactions of mammalian cells in tissue culture. J. biol. Chem. 234, 829—831 (1959).

[29] — — The effects of 2-deoxyglucose on the growth and metabolism of cultured human cells. J. biol. Chem. 236, 1887—1890 (1961).

[30] BARENDSEN, G. W.: Dose-survival curves of human cells in tissue culture irradiated with alpha-, beta-, 20-kV X- and 200-kV X-radiation. Nature 193, 1153—1155 (1962).

[31] —, T. L. J. BEUSKER, A. J. VERGROESEN, and L. BUDKE: Effects of different ionizing radiations on human cells in tissue culture. II. Biological experiments. Radiation Res. 13, 841—849 (1960).

[32] —, and H. M. D. WALTER: Effects of different ionizing radiations on human cells in tissue culture. IV. Modification of radiation damage. Radiation Res. 21, 314—329 (1964).

[33] BARNER, H. D., and S. S. COHEN: Synchronization of division of a thymineless mutant of Escherichia coli. J. Bacteriol. 72, 115—123 (1956).

[34] BARSKI, G., et J. BELEHRADEK: Transfert nucléaire intercellulaire en cultures mixtes in vitro. Exp. Cell. Res. 29, 102—111 (1963).

[35] —, and R. CASSINGENA: Malignant transformation in vitro of cells from C57BL mouse normal pulmonary tissue. J. nat. Cancer Inst. 30, 865—883 (1963).

[36] —, and F. CORNEFERT: Characteristics of "hybrid"-type clonal cell lines obtained from mixed cultures in vitro. J. nat. Cancer Inst. 28, 801—821 (1962).

[37] —, S. SORIEUL, and F. CORNEFERT: "Hybrid" type cells in combined cultures of two different mammalian cell strains. J. nat. Cancer Inst. 26, 1269—1291 (1961).

[38] BASES, R. E.: Some applications of tissue culture methods to radiation research. Cancer Res. 19, 311—315 (1959).

[39] — Modification of the radiation response determined by single-cell technics: actinomycin D. Cancer Res. 19, 1223—1229 (1959).

[40] BEALE, A. J.: Viral interference and interferon. Ann. Rev. Med. 14, 133—140 (1963).

[41] BEARD, J. W.: Avian virus growths and their etiologic agents. Adv. Cancer Res. 7, 1—127 (1963).

[42] BAUDREAU, G. S., C. BECKER, R. A. BONAR, A. M. WALLBANK, D. BEARD, and J. W. BEARD: Virus of avian myeloblastosis. XIV. Neoplastic response of normal chicken bone marrow treated with the virus in tissue culture. J. nat. Cancer Inst. 24, 395—415 (1960).

[43] BECKER, C., G. S. BEAUDREAU, W. CASTLE, B. W. GIBSON, D. BEARD, and J. W. BEARD: Virus of avian myeloblastosis. XXII. Influence of folic acid and other factors on growth of myeloblasts and virus synthesis in tissue culture. J. nat. Cancer Inst. 29, 455—481 (1962).

[44] BECKER, Y., S. PENMAN, and J. E. DARNELL: A cytoplasmic particulate involved in poliovirus synthesis. Virology 21, 274—276 (1963).

[45] BEER, J. Z., J. T. LETT, and P. ALEXANDER: Influence of temperature and medium on the X-ray sensitivities of leukaemia cells in vitro. Nature 199, 193—194 (1963).

[46] BERMAN, L., and C. S. STULBERG: Eight culture strains (Detroit) of human epithelial-like cells. Proc. Soc. exp. Biol. Med. 92, 730—735 (1956).

[47] —, C. S. STULBERG, and F. H. RUDDLE: Human cell culture. Morphology of the Detroit strains. Cancer Res. 17, 668—676 (1957).

[48] BERWALD, Y., and L. SACHS: In vitro cell transformation with chemical carcinogens. Nature 200, 1182—1184 (1963).

[49] BILLEN, D., and G. A. DEBRUNNER: Continuously propagating cells derived from normal mouse bone marrow. J. nat. Cancer Inst. 25, 1127—1139 (1960).

[50] BLACK, P. H., and W. P. ROWE: An analysis of SV40-induced transformation of hamster kidney tissue in vitro. I. General characteristics. Proc. nat. Acad. Sci. 50, 606—613 (1963).

[51] — — Transformation in hamster kidney monolayers by vacuolating virus, SV-40. Virology 19, 107—109 (1963).

[52] — —, H. C. TURNER, and R. J. HUEBNER: A specific complement-fixing antigen present in SV40 tumor and transformed cells. Proc. nat. Acad. Sci. 50, 1148—1156 (1963).

[53] BLAND, J. O. W., and C. F. ROBINOW: The inclusion bodies of vaccinia and their relationship to the elementary bodies studied in cultures of the rabbit's cornea. J. Path. Bact. 48, 381—403 (1939).

[54] BONTING, S. L., and M. JONES: Determination of microgram quantities of deoxyribonucleic acid and protein in tissues grown in vitro. Arch. Biochem. Biophys. 66, 340—353 (1957).

[55] BOOTSMA, D., L. BUDKE, and O. VOS: Studies on synchronous division of tissue culture cells initiated by excess thymidine. Exp. Cell Res. 33, 301—309 (1964).

[56] BRADLEY, T. R., R. A. ROOSA, and L. W. LAW: DNA transformation studies with mammalian cells in culture. J. cell. comp. Physiol. 60, 127—137 (1962).

[57] BRAND, K. G.: Persistence and stability of species-specific haemagglutinogens in cultivated mammalian cells. Nature 194, 752—754 (1962).

[58] —, and J. T. SYVERTON: Immunology of cultivated mammalian cells. I. Species specificity determined by hemagglutination. J. nat. Cancer Inst. 24, 1007—1019 (1960).

[59] — — Results of species-specific hemagglutination tests on "transformed", nontransformed, and primary cell cultures. J. nat. Cancer Inst. 28, 147—157 (1962).

[60] BRECHER, G., M. SCHNEIDERMAN, and G. Z. WILLIAMS: Evaluation of electronic blood cell counter. Amer. J. clin. Path. 26, 1439—1449 (1956).

[61] BREWER, H. B., J. P. COMSTOCK, and L. ARONOW: Effects of nitrogen mustard on protein and nucleic acid synthesis in mouse fibroblasts growing in vitro. Biochem. Pharmacol. 8, 281—287 (1961).

[62] BROCK, N., und H. J. HOHORST. Über die Aktivierung von Cyclophosphamid im Warmblüterorganismus. Naturwiss. 49, 610—611 (1962).

[63] BROCKMAN, R. W., G. G. KELLEY, P. STUTTS, and V. COPELAND: Biochemical aspects of resistance to 6-mercaptopurine in human epidermoid carcinoma cells in culture. Nature 191, 469—471 (1961).

[64] —, R. A. ROOSA, L. W. LAW, and P. STUTTS: Purine ribonucleotide pyrophosphorylase activity and resistance to purine analogs in P388 murine lymphocytic leukemia. J. cell. comp. Physiol. 60, 65—84 (1962).

[65] BROSEMER, R. W., and W. J. RUTTER: The effect of oxygen tension on the growth and metabolism of a mammalian cell. Exp. Cell Res. 25, 101—113 (1961).

[66] BROWN, F., R. F. SELLERS, and D. L. STEWART: Infectivity of ribonucleic acid from mice and tissue culture infected with the virus of foot-and-mouth disease. Nature 182, 535—536 (1958).

[67] BULLOUGH, W. S.: The control of mitotic activity in adult mammalian tissues. Biol. Revs. 37, 307—342 (1962).

[68] — Analysis of the life-cycle in mammalian cells. Nature 199, 859—862 (1963).

[69] BUNGAY, C., and J. F. WATKINS: Observations on polykaryocytosis in HeLa cells infected with herpes simplex virus. Brit. J. exp. Path. 45, 48—55 (1964).

[70] BUONASSISI, V., G. SATO, and A. I. COHEN: Hormone-producing cultures of adrenal and pituitary tumor origin. Proc. nat. Acad. Sci. 48, 1184—1190 (1962).

[71] BURLINGTON, H.: Enzyme patterns in cultured kidney cells. Amer. J. Physiol. 197, 68—70 (1959).

[72] CAIRNS, J.: The initation of vaccinia infection. Virology 11, 603—623 (1960).

[73] CANN, H. M., and L. A. HERZENBERG: In vitro studies of mammalian somatic cell variation. I. Detection of H-2 phenotype in cultured mouse cell lines. J. exp. Med. 117, 259—265 (1963).

[74] — — In vitro studies of mammalian somatic cell variation. II. Isoimmune cytotoxicity with a cultured mouse lymphoma and selection of resistant variants. J. exp. Med. 117, 267—284 (1963).

[75] CARDOSO, S. S.: Studies of metabolic alterations induced by steroids in murine lymphocytic leukemia cells in vitro. Biochem. Pharmacol. 11, 1—8 (1962).

[76] CARREL, A.: On the permanent life of tissues outside of the organism. J. exp. Med. 15, 516—528 (1912).

[77] — Present condition of a strain of connective tissue twenty-eight months old. J. exp. Med. 20, 1—2 (1914).

[78] — Some conditions of the reproduction in vitro of the Rous virus. J. exp. Med. 43, 647—668 (1926).

[79] —, and L. E. BAKER: The chemical nature of substances required for cell multiplication. J. exp. Med. 44, 503—521 (1926).

[80] CASTOR, C. W.: Production of mucopolysaccharides by synovial cells in a simplified tissue culture medium. Proc. Soc. exp. Biol. Med. 94, 51—56 (1957).

[81] — The rate of hyaluronic acid production by human synovial cells studied in tissue culture. Arthritis and Rheumatism 2, 259—265 (1959).

[82] — Adrenocorticoid suppression of mucopolysaccharide formation in human connective tissue cell cultures. J. Lab. clin. Med. 60, 788—798 (1962).

[83] —, R. K. PRINCE, and E. L. DORSTEWITZ: "Epithelial transformation" of human synovial connective tissue cells: cytologic and biochemical consequences. Proc. Soc. exp. Biol. Med. 108, 574—578 (1961).

[84] CHANG, R. S.: Continuous subcultivation of epithelial cells from normal human tissues. Proc. Soc. exp. Biol. Med. 87, 440—443 (1954).

[85] — A comparative study of the growth, nutrition, and metabolism of the primary and the transformed human cells in vitro. J. exp. Med. 113, 405—417 (1961).

[86] —, and R. P. GEYER: Propagation of conjunctival and HeLa cells in various carbohydrate media. Proc. Soc. exp. Biol. Med. 96, 336—340 (1957).

[87] —, H. LIEPINS, and M. MARGOLISH: Carbon dioxide requirement and nucleic acid metabolism of HeLa and conjunctival cells. Proc. Soc. exp. Biol. Med. 106, 149—152 (1961).

[88] —, and H. VETROVS: Loss of radioactivity from labeled DNA of primary human amnion cells. Science 139, 1211—1212 (1963).

[89] CHEONG, L., M. A. RICH, and M. L. EIDINOFF: Introduction of the 5-halogenated uracil moiety into deoxyribonucleic acid of mammalian cells in culture. J. biol. Chem. 235, 1441—1447 (1960).

[90] CHÈVREMONT, S., et M. CHÈVREMONT: Action des températures subnormales suivies de réchauffement sur l'activité mitotique en culture de tissus. Contribution à l'étude de la préparation à la mitose. Compt. rend. Soc. biol. 150, 1046—1049 (1956).

[91] CIECIURA, S. J., P. I. MARCUS, and T. T. PUCK: The use of X-irradiated HeLa cell giants to detect latent virus in mammalian cells. Virology 3, 426—427 (1957).

[92] COHEN, E. P., and H. EAGLE: A simplified chemostat for the growth of mammalian cells: characteristics of cell growth in continuous culture. J. exp. Med. 113, 467—474 (1961).

[93] COHEN, S. S: The biochemistry of viruses. Ann. Rev. Biochem. 32, 83—154 (1963).

[*94*] Colter, J. S., H. H. Bird, and R. A. Brown: Infectivity of ribonucleic acid from Ehrlich ascites tumour cells infected with mengo encephalitis. Nature 179, 859—860 (1957).

[*95*] Coombs, R. R. A., M. R. Daniel, B. W. Gurner, and A. Kelus: Recognition of the species of origin of cells in culture by mixed agglutination. I. Use of antisera to red cells. Immunol. 4, 55—66 (1961).

[*96*] Cox, R. P., and C. M. MacLeod: Hormonal induction of alkaline phosphatase in human cells in tissue culture. Nature 190, 85—87 (1961).

[*97*] — — Alkaline phosphatase content and the effects of prednisolone on mammalian cells in culture. J. gen. Physiol. 45, 439—485 (1962).

[*98*] — — Repression of alkaline phosphatase in human cell cultures by cystine and cysteine. Proc. nat. Acad. Sci. 49, 504—510 (1963).

[*99*] —, and G. Pontecorvo: Induction of alkaline phosphatase by substrates in established cultures of cells from individual human donors. Proc. nat. Acad. Sci. 47, 839—845 (1961).

[*100*] Cramer, J. W., W. H. Prusoff, and A. D. Welch: 5-Bromo-2'-deoxycytidine (BCDR)-II. Studies with murine neoplastic cells in culture and in vitro. Biochem. Pharmacol. 8, 331—335 (1961).

[*101*] — — —, A. C. Sartorelli, I. W. Delamore, C. F. von Essen, and P. K. Chang: Studies on the biochemical pharmacology of 5-iodo-2'-deoxycytidine in vitro and in vivo. Biochem. Pharmacol. 11, 761—768 (1962).

[*102*] Crathorn, A. R., and K. V. Shooter: Uptake of thymidine and synthesis of deoxyribonucleic acid in mouse ascites cells. Nature 187, 614—615 (1960).

[*103*] Crockett, R. L., and I. Leslie: Utilization of ^{14}C-labelled glucose by human cells (strain HLM) in tissue culture. Biochem. J. 89, 516—525 (1963).

[*104*] Crowther, D., and J. L. Melnick: Studies of the inhibitory action of guanidine on poliovirus multiplication in cell cultures. Virology 15, 65—74 (1961).

[*105*] Dalcq, A., et J. Pasteels: Détermination photométrique de la teneur relative en DNA des noyaux les oeufs en segmentation du rat et de la souris. Exp. Cell Res., Suppl. 3, 72—97 (1955).

[*106*] Dales, S.: Effects of anaerobiosis on the rates of multiplication of mammalian cells cultured in vitro. Can. J. Biochem. 38, 871—878 (1960).

[*107*] Dancis, J., V. Jansen, J. Hutzler, and M. Levitz: The metabolism of leucine in tissue culture of skin fibroblasts of maple-syrup-urine disease. Biochim. biophys. Acta 77, 523—524 (1963).

[*108*] Danes, B. S.: Suspension cultures of strain L mouse fibroblasts. I. A glass stirrer apparatus for the cultivation of cell suspensions. Exp. Cell Res. 12, 169—179 (1957).

[*109*] —, M. M. Broadfoot, and J. Paul: A comparative study of respiratory metabolism in cultured mammalian cell strains. Exp. Cell Res. 30, 369—378 (1963).

[*110*] —, and J. Paul: Environmental factors influencing respiration of strain L cells. Exp. Cell Res. 24, 344—355 (1961).

[*111*] Darnell, J. E.: Early events in poliovirus infection. Cold Spring Harbor Symp. quant. Biol. 27, 149—158 (1962).

[*112*] —, and H. Eagle: Glucose and glutamine in poliovirus production by HeLa cells. Virology 6, 556—566 (1958).

[*113*] — — The biosynthesis of poliovirus in cell cultures. Adv. Virus Res. 7, 1—26 (1960).

[*114*] — —, and T. K. Sawyer: The effect of cell population density on the amino acid requirements for poliovirus synthesis in HeLa cells. J. exp. Med. 110, 445—450 (1959).

[*115*] —, and L. Levintow: Poliovirus protein: source of amino acids and time course of synthesis. J. biol. Chem. 235, 74—77 (1960).

[*116*] — —, M. M. Thorén, and J. L. Hooper: The time course of synthesis of poliovirus RNA. Virology 13, 271—279 (1961).

[*117*] —, and T. K. Sawyer: Variation in plaque-forming ability among parental and clonal strains of HeLa cells. Virology 8, 223—229 (1959).

[118] DARNELL, J. E., and T. K. SAWYER: The basis for variation in susceptibility to poliovirus in HeLa cells. Virology 11, 665—675 (1960).

[119] DAVIDSON, E. H.: Heritability and control of differentiated function in cultured cells. J. gen. Physiol. 46, 983—998 (1963).

[120] DAWE, C. J. (Ed.): Studies of development, function and disease (Symposium on organ culture). Nat. Cancer Inst. Monograph No. 11 (1963).

[121] —, M. POTTER, and J. LEIGHTON: Progressions of a reticulum cell sarcoma of the mouse in vivo and in vitro. J. nat. Cancer Inst. 21, 753—782 (1958).

[122] DAY, M., and J. P. GREEN: The uptake of amino acids and the synthesis of amines by neoplastic mast cells in culture. J. Physiol. 164, 210—226 (1962).

[123] DEFENDI, V., and G. GASIC: Surface mucopolysaccharides of polyoma virus transformed cells. J. cell. comp. Physiol. 62, 23—31 (1963).

[124] —, J. LEHMAN, and P. KRAEMER: "Morphologically normal" hamster cells with malignant properties. Virology 19, 592—598 (1963).

[125] —, and L. A. MANSON: Studies of the relationship of DNA synthesis time to proliferation time in cultured mammalian cells. Path.-Biol. 9, 525—528 (1961).

[126] — — Analysis of the life-cycle in mammalian cells. Nature 198, 359—361 (1963).

[127] DELIHAS, N., M. A. RICH, and M. L. EIDINOFF: Radiosensitization of a mammalian cell line with 5-bromodeoxyuridine. Radiation Res. 17, 479—491 (1962).

[128] DELMONTE, L., and T. H. JUKES: Folic acid antagonists in cancer chemotherapy. Pharmacol. Revs. 14, 91—135 (1962).

[129] DEWEY, D. L.: Effect of oxygen and nitric oxide on the radiosensitivity of human cells in tissue culture. Nature 186, 780—782 (1960).

[130] DEWEY, W. C., and R. M. HUMPHREY: Relative radiosensitivity of different phases in the life cycle of L-P59 mouse fibroblasts and ascites tumor cells. Radiation Res. 16, 503—530 (1962).

[131] — — Survival of mammalian cells irradiated in different phases of the life-cycle as examined by autoradiography. Nature 198, 1063—1066 (1963).

[132] DIDERHOLM, H., and T. WESSLEN: Infection of naturally insusceptible cells with DNA of polyoma and SV40 viruses. Acta path. microbiol. Scand. 59, 271—272 (1963).

[133] DI MAYORCA, G. A., B. E. EDDY, S. E. STEWART, W. S. HUNTER, C. FRIEND, and A. BENDICH: Isolation of infectious deoxyribonucleic acid from SE polyoma-infected tissue cultures. Proc. nat. Acad. Sci. 45, 1805—1808 (1959).

[134] DINEEN, J. K., and B. T. PERRY: Studies on the nature of antibody production during the in vitro culture of lymphoid tissues. Austral. J. exp. Biol. med. Sci. 38, 363—374 (1960).

[135] DIXON, G. J., F. M. SCHABEL, H. E. SKIPPER, E. N. DULMADGE, and B. DUNCAN: Experimental evaluation of potential anticancer agents. V. In vitro cell culture as a tool in primary drug evaluation and antibiotic isolation. Cancer Res. 21, Cancer Chemotherapy screening Data XI, 535—572 (1961).

[136] DJORDJEVIC, B., and W. SZYBALSKI: Genetics of human cell lines. III. Incorporation of 5-bromo- and 5-iododeoxyuridine into the deoxyribonucleic acid of human cells and its effect on radiation sensitivity. J. exp. Med. 112, 509—531 (1960).

[137] DOLJANSKY, L.: Sur le rapport entre la prolifération et l'activité pigmentogène dans les cultures d'épithélium de l'iris. Compt. rend. Soc. biol. 105, 343—345 (1930).

[138] DOMENJOZ, R., und H. SCHELLENBERG: Pharmakologische Untersuchungen am 5-Hydroxytryptamin-Stoffwechsel des Mastocytoms P-815. Schweiz. med. Wschr. 92, 1185—1188 (1962).

[139] DOUGHERTY, R. M.: Use of dimethyl sulphoxide for preservation of tissue culture cells by freezing. Nature 193, 550—552 (1962).

[140] DRYSDALE, R. B., A. HOPKINS, R. Y. THOMSON, R. M. S. SMELLIE, and J. N. DAVIDSON: Some effects of nitrogen and sulphur mustards on the metabolism of nucleic acids in mammalian cells. Brit. J. Cancer 12, 137—148 (1958).

[141] DUBBS, D. R., and S. KIT: Effect of halogenated pyrimidines and thymidine on growth of L-cells and a subline lacking thymidine kinase. Exp. Cell Res. 33, 19—28 (1964).

[142] DULBECCO, R.: Production of plaques in monolayer tissue cultures by single particles of an animal virus. Proc. nat. Acad. Sci. 38, 747—752 (1952).

[143] Dulbecco, R.: Viral carcinogenesis. Cancer Res. 21, 975—980 (1961).
[144] — Basic mechanisms in the biology of animal viruses. Cold Spring Harbor Symp. quant. Biol. 27, 519—525 (1962).
[145] — Transformation of cells in vitro by viruses. Science 142, 932—936 (1963).
[146] —, and M. Vogt: Plaque formation and isolation of pure lines with poliomyelitis viruses. J. exp. Med. 99, 167—182 (1954).
[147] — — Significance of continued virus production in tissue cultures rendered neoplastic by polyoma virus. Proc. nat. Acad. Sci. 46, 1617—1623 (1960).
[148] Dunn, T. B., and M. Potter: A transplantable mast-cell neoplasm in the mouse. J. nat. Cancer Inst. 18, 587—601 (1957).
[149] Dutton, R. W., A. H. Dutton, and J. H. Vaughan: The effect of 5-bromouracil deoxyriboside on the synthesis of antibody in vitro. Biochem. J. 75, 230—235 (1960).
[150] Eagle, H.: The specific amino acid requirements of a mammalian cell (strain L) in tissue culture. J. biol. Chem. 214, 839—852 (1955).
[151] — The specific amino acid requirements of a human carcinoma cell (strain HeLa) in tissue culture. J. exp. Med. 102, 37—48 (1955).
[152] — The minimum vitamin requirements of the L and HeLa cells in tissue culture, the production of specific vitamin deficiencies, and their cure. J. exp. Med. 102, 595—600 (1955).
[153] — Propagation in a fluid medium of a human epidermoid carcinoma, strain KB. Proc. Soc. exp. Biol. Med. 89, 362—364 (1955).
[154] — Nutrition needs of mammalian cells in tissue culture. Science 122, 501—504 (1955).
[155] — The salt requirements of mammalian cells in tissue culture. Arch. Biochem. Biophys. 61, 356—366 (1956).
[156] — Relative growth-promoting activity in tissue culture of co-factors and the parent vitamins. Proc. Soc. exp. Biol. Med. 91, 358—361 (1956).
[157] — Amino acid metabolism in mammalian cell cultures. Science 130, 432—437 (1959).
[158] — The sustained growth of human and animal cells in a protein-free environment. Proc. nat. Acad. Sci. 46, 427—432 (1960).
[159] —, S. Barban, M. Levy, and H. O. Schulze: The utilization of carbohydrates by human cell cultures. J. biol. Chem. 233, 551—558 (1958).
[160] —, and G. E. Foley: The cytotoxic action of carcinolytic agents in tissue culture. Amer. J. Med. 21, 739—749 (1956).
[161] — — Susceptibility of cultured human cells to antitumor agents. Ann. N. Y. Acad. Sci. 76, 534—541 (1958).
[162] — — Cytotoxicity in human cell cultures as a primary screen for the detection of anti-tumor agents. Cancer Res. 18, 1017—1025 (1958).
[163] —, and K. Habel: The nutritional requirements for the propagation of poliomyelitis virus by the HeLa cell. J. exp. Med. 104, 271—287 (1956).
[164] —, V. I. Oyama, and M. Levy: Amino acid requirements of normal and malignant human cells in tissue culture. Arch. Biochem. Biophys. 67, 432—446 (1957).
[165] — — —, and A. E. Freeman: Myo-inositol as an essential growth factor for normal and malignant human cells in tissue culture. J. biol. Chem. 226, 191—206 (1957).
[166] — — — — Myo-inositol as an essential growth factor for normal and malignant human cells in tissue culture. Science 123, 845—847 (1956).
[167] — — —, C. L. Horton, and R. Fleischman: The growth response of mammalian cells in tissue culture to L-glutamine and L-glutamic acid. J. biol. Chem. 218, 607—616 (1956).
[168] —, and K. A. Piez: The utilization of proteins by cultured human cells. J. biol. Chem. 235, 1095—1097 (1960).
[169] — — The population-dependent requirement by cultured mammalian cells for metabolites which they can synthesize. J. exp. Med. 116, 29—43 (1962).
[170] — — Amino acid pools, protein synthesis and protein turnover in human cell cultures. In: J. T. Holden (Ed.): Amino-acid-pools: formation and function of free amino acids; p. 694—705. Amsterdam—New York: Elsevier 1963.
[171] — —, R. Fleischman, and V. I. Oyama: Protein turnover in mammalian cell cultures. J. biol. Chem. 234, 592—597 (1959).

[172] EAGLE, H., K. A. PIETZ, and V. I. OYAMA: The biosynthesis of cystine in human cell cultures. J. biol. Chem. 236, 1425—1428 (1961).

[173] EARLE, W. R.: Changes induced in a strain of fibroblasts from a strain C3H mouse by the action of 20-methylcholanthrene. J. nat. Cancer Inst. 3, 555—558 (1943).

[174] — Production of malignancy in vitro. IV. The mouse fibroblast cultures and changes seen in the living cells. J. nat. Cancer Inst. 4, 165—212 (1943).

[175] — Recent advances in tissue culture. In: J. W. GREEN (Ed.): New developments in tissue culture; p. 1—22. New Brunswick: Rutgers University Press 1961.

[176] —, J. C. BRYANT, and E. L. SHILLING: Certain factors limiting the size of the tissue culture and the development of massive cultures. Ann. N. Y. Acad. Sci. 58, 1000—1011 (1954).

[177] — — —, and V. J. EVANS: Growth of cell suspensions in tissue culture. Ann. N. Y. Acad Sci. 63, 666—682 (1956).

[178] —, and A. NETTLESHIP: Production of malignancy in vitro. V. Results of injection of cultures into mice. J. nat. Cancer Inst. 4, 213—227 (1943).

[179] —, K. K. SANFORD, V. J. EVANS, H. K. WALTZ, and J. E. SHANNON: The influence of inoculum size on proliferation in tissue cultures. J. nat. Cancer Inst. 12, 133—153 (1951).

[180] —, E. SHELTON, and E. L. SHILLING: Production of malignancy in vitro. XI. Further results from reinjection of in vitro cell strains into strain C3H mice. J. nat. Cancer Inst. 10, 1105—1113 (1950).

[181] —, E. L. SHILLING, J. C. BRYANT, and V. J. EVANS: The growth of pure strain L cells in fluid-suspension cultures. J. nat. Cancer Inst. 14, 1159—1171 (1954).

[182] —, and C. VOEGTLIN: The mode of action of methyl-cholanthrene on cultures of normal tissues. Amer. J. Cancer 34, 373—390 (1938).

[183] EASON, R., M. J. CLINE, and R. M. S. SMELLIE: Ribonucleic acid-primed synthesis of RNA following viral infection. Nature 198, 479—481 (1963).

[184] EASTERBROOK, K. B.: Interference with the maturation of vaccinia virus by isatin β-thiosemicarbazone. Virology 17, 245—251 (1962).

[185] EBELING, A. H.: A ten year old strain of fibroblasts. J. exp. Med. 35, 755—759 (1922).

[186] EBNER, K. E., E. C. HAGEMAN, and B. L. LARSON: Functional biochemical changes in bovine mammary cell cultures. Exp. Cell Res. 25, 555—570 (1961).

[187] EDDY, B. E., S. E. STEWART, M. F. STANTON, and J. M. MARCOTTE: Induction of tumors in rats by tissue-culture preparations of SE polyoma virus. J. nat. Cancer Inst. 22, 161—171 (1959).

[188] — —, R. YOUNG, and G. B. MIDER: Neoplasms in hamsters induced by mouse tumor agent passed in tissue culture. J. nat. Cancer Inst. 20, 747—761 (1958).

[189] EDWARDS, G. A., and J. FOGH: Micromorphologic changes in human amnion cells during trypsinization. Cancer Res. 19, 608—611 (1959).

[190] EGGERS, H. J., D. BALTIMORE, and I. TAMM: The relation of protein synthesis to formation of poliovirus RNA polymerase. Virology 21, 281—282 (1963).

[191] —, and I. TAMM: Spectrum and characteristics of the virus inhibitory action of 2-(α-hydroxybenzyl)-benzimidazole. J. exp. Med. 113, 657—682 (1961).

[192] — — On the mechanism of selective inhibition of enterovirus multiplication by 2-(α-hydroxybenzyl)-benzimidazole. Virology 18, 426—438 (1962).

[193] EIDINOFF, M. L., L. CHEONG, and M. A. RICH: Incorporation of unnatural pyrimidine bases into deoxyribonucleic acid of mammalian cells. Science 129, 1550—1551 (1959).

[194] —, and M. A. RICH: Growth inhibition of a human tumor cell strain by 5-fluoro-2'-deoxyuridine: time parameters for subsequent reversal by thymidine. Cancer Res. 19, 521—524 (1959).

[195] EKER, P., and A. PIHL: Studies on the growth-inhibiting and radioprotective effect of cystamine, cysteamine, and AET on mammalian cells in tissue culture. Radiation Res. 21, 165—179 (1964).

[196] ELKIND, M. M., A. HAN, and K. W. VOLZ: Radiation response of mammalian cells grown in culture. IV. Dose dependence of division delay and postirradiation growth of surviving and nonsurviving Chinese hamster cells. J. nat. Cancer Inst. 30, 705—721 (1963).

[197] ELKIND, M. M., and H. SUTTON: X-ray damage and recovery in mammalian cells in culture. Nature **194**, 1293—1295 (1959).

[198] — — Radiation response of mammalian cells grown in culture. I. Repair of X-ray damage in surviving Chinese hamster cells. Radiation Res. **13**, 556—593 (1960).

[199] —, G. F. WHITMORE, and T. ALESCIO: Actinomycin D: Suppression of recovery in X-irradiated mammalian cells. Science **143**, 1454—1457 (1964).

[200] ELLEM, K. A. O., and J. S. COLTER: The interaction of infectious ribonucleic acid with a mammalian cell line. I. Relationship between the osmotic pressure of the medium and the production of infectious centers. Virology **11**, 434—443 (1960).

[201] ENDERS, J. F.: Bovine amniotic fluid as tissue culture medium in cultivation of poliomyelitis and other viruses. Proc. Soc. exp. Biol. Med. **82**, 100—105 (1953).

[202] —, T. H. WELLER, and F. C. ROBBINS: Cultivation of the Lansing strain of poliomyelitis virus in cultures of various human embryonic tissues. Science **109**, 85—87 (1949).

[203] ERIKSON, R. L., and W. SZYBALSKI: Molecular radiobiology of human cell lines. I. Comparative sensitivity to X-rays and ultraviolet light of cells containing halogen-substituted DNA. Biochem. biophys. Res. Comm. **4**, 258—261 (1961).

[204] — — Molecular radiobiology of human cell lines. III. Radiation-sensitizing properties of 5-iododeoxyuridine. Cancer Res. **23**, 122—130 (1963).

[205] — — Molecular radiobiology of human cell lines. IV. Variation in ultraviolet light and X-ray sensitivity during the division cycle. Radiation Res. **18**, 200—212 (1963).

[206] — — Molecular radiobiology of human cell lines. V. Comparative radiosensitizing properties of 5-halodeoxycytidines and 5-halodeoxyuridines. Radiation Res. **20**, 252—262 (1963).

[207] EVANS, V. J.: Probable future trends in the nutrition of tissue cultures. J. nat. Cancer Inst. **19**, 539—553 (1957).

[208] —, J. C. BRYANT, W. T. McQUILKIN, M. C. FIORAMONTI, K. K. SANFORD, B. B. WESTFALL, and W. R. EARLE: Studies of nutrient media for tissue cells in vitro. II. An improved protein-free chemically defined medium for long-term cultivation of strain L-929 cells. Cancer Res. **16**, 87—94 (1956).

[209] —, and W. R. EARLE: The use of perforated cellophane for the growth of cells in tissue culture. J. nat. Cancer Inst. **8**, 103—119 (1947).

[210] — —, K. K. SANFORD, J. E. SHANNON, and H. K. WALTZ: The preparation and handling of replicate tissue cultures for quantitative studies. J. nat. Cancer Inst. **11**, 907—927 (1951).

[211] — —, E. P. WILSON, H. K. WALTZ, and C. J. MACKEY: The growth in vitro of massive cultures of liver cells. J. nat. Cancer Inst. **12**, 1245—1265 (1952).

[212] —, M. C. FIORAMONTI, L. K. RANDOLPH, and W. R. EARLE: Studies of nutrient media for tissue cells in vitro. VI. The effect of the nucleic acid derivatives mixture of medium NCTC 109 on NCTC strain 2071 and NCTC strain 2981. Amer. J. Hyg. **71**, 168—175 (1960).

[213] — —, K. K. SANFORD, W. R. EARLE, and B. B. WESTFALL: Studies of nutrient media for tissue cells in vitro. IV. The effect of amino-acid mixtures on the proliferation of the long-term strain 2071 of NCTC clone 929 of strain L cells. Amer. J. Hyg. **68**, 66—73 (1958).

[214] FEINENDEGEN, L. E., and V. P. BOND: Observations on nuclear RNA during mitosis in human cancer cells in culture (HeLa-S₃), studied with tritiated cytidine. Exp. Cell Res. **30**, 393—404 (1963).

[215] — —, and R. B. PAINTER: Studies on the interrelationship of RNA synthesis, DNA synthesis and precursor pool in human tissue culture cells studied with tritiated pyrimidine nucleosides. Exp. Cell Res. **22**, 381—405 (1961).

[216] — —, W. W. SHREEVE, and R. B. PAINTER: RNA and DNA metabolism in human tissue culture cells studied with tritiated cytidine. Exp. Cell Res. **19**, 443—459 (1960).

[217] FELL, H. B.: The application of tissue culture in vitro to embryology. J. roy. micr. Soc. **60**, 95—112 (1940).

[218] — Recent advances in organ culture. Science Progress (London) **41**, 212—231 (1953).

[219] Fenwick, M. L.: The influence of poliovirus infection on RNA synthesis in mammalian cells. Virology 19, 241—249 (1963).

[220] Ferguson, J., and A. Wansbrough: Isolation and long-term culture of diploid mammalian cell lines. Cancer Res. 22, 556—562 (1962).

[221] Firket, H.: Mesures cytophotométriques de la synthèse d'acides désoxyribonucléiques dans les cultures de tissus soumises au refroidissement puis réchauffées. Compt. rend. Soc. biol. 150, 1050—1053 (1956).

[222] —, and W. G. Verly: Autoradiographic visualization of synthesis of deoxyribonucleic acid in tissue culture with tritium-labeled thymidine. Nature 181, 274—275 (1958).

[223] Fischer, G. A.: Studies of the culture of leukemic cells in vitro. Ann. N. Y. Acad. Sci. 76, 673—680 (1958).

[224] — Nutritional and amethopterin-resistant characteristics of leukemic clones. Cancer Res. 19, 372—376 (1959).

[225] — Increased levels of folic acid reductase as a mechanism of resistance to amethopterin in leukemic cells. Biochem. Pharmacol. 7, 75—80 (1961).

[226] — Defective transport of amethopterin (methotrexate) as a mechanism of resistance to the antimetabolite in L-5178Y leukemic cells. Biochem. Pharmacol. 11, 1233—1237 (1962).

[227] —, and A. D. Welch: Effect of citrovorum factor and peptones on mouse leukemia cells L-5178 in tissue culture. Science 126, 1018—1019 (1957).

[228] Fisher, H. W., T. T. Puck, and G. Sato: Molecular growth requirements of single mammalian cells: the action of fetuin in promoting cell attachment to glass. Proc. nat. Acad. Sci. 44, 4—10 (1958).

[229] — — — Molecular growth requirements of single mammalian cells. III. Quantitative colonial growth of single S3 cells in a medium containing synthetic small molecular constituents and two purified protein fractions. J. exp. Med. 109, 649—660 (1959).

[230] Foley, G. E., and B. P. Drolet: Sustained propagation of sarcoma 180 in tissue culture. Proc. Soc. exp. Biol. Med. 92, 347—352 (1956).

[231] — —, R. E. McCarthy, K. A. Goulet, J. M. Dokos, and D. A. Filler: Isolation and serial propagation of malignant and normal cells in semi-defined media: origins of CCRF cell lines. Cancer Res. 20, 930—939 (1960).

[232] —, and H. Eagle: The cytotoxicity of anti-tumor agents for normal human and animal cells in first tissue culture passage. Cancer Res. 18, 1012—1016 (1958).

[233] —, O. M. Friedman, and B. P. Drolet: Studies on the mechanism of action of cytoxan. Evidence for activation in vivo and in vitro. Cancer Res. 21, 57—63 (1961).

[234] —, and A. H. Handler: Differentiation of "normal" and neoplastic cells maintained in tissue culture by implantation into normal hamsters. Proc. Soc. exp. Biol. Med. 94, 661—664 (1957).

[235] — —, R. A. Adams, and J. M. Craig: Assessment of potential malignancy of cultured cells: further observations on the differentiation of "normal" and "neoplastic" cells maintained in vitro by heterotransplantation in Syrian hamsters. Nat. Cancer Inst. Monograph No. 7, 173—204 (1962).

[236] Ford, D. K., and G. Yerganian: Observations on the chromosomes of Chinese hamster cells in tissue culture. J. nat. Cancer Inst. 21, 393—425 (1958).

[237] Foulds, L.: The experimental study of tumor progression. Cancer Res. 14, 327—339 (1954).

[238] Franklin, R. M.: The inhibition of ribonucleic acid synthesis in mammalian cells by actinomycin D. Biochim. biophys. Acta 72, 555—565 (1963).

[239] —, and D. Baltimore: Patterns of macromolecular synthesis in normal and virus-infected mammalian cells. Cold Spring Harbor Symp. quant. Biol. 27, 175—198 (1962).

[240] —, and J. Rosner: Localization of ribonucleic acid synthesis in mengovirus-infected L-cells. Biochim. biophys. Acta 55, 240—241 (1962).

[241] Franks, D., R. R. A. Coombs, T. S. L. Beswick, and M. M. Winter: Recognition of the species of origin of cells in culture by mixed agglutination. III. Identification of the cells of different primates. Immunol. 6, 64—72 (1963).

[242] Frisch, L. (Ed.): Basic mechanisms in animal virus biology. Cold Spring Harbor Symp. quant. Biol. 27 (1962).

[243] Gabourel, J. D.: Effects of hydroxychloroquine on the growth of mammalian cells in vitro. J. Pharmacol. exp. Ther. 141, 122—130 (1963).

[244] —, and L. Aronow: Growth inhibitory effects of hydrocortisone on mouse lymphoma ML-388 in vitro. J. Pharmacol. exp. Ther. 136, 213—221 (1962).

[245] Gaines, J. D., C. B. Harbury, L. Aronow, and R. F. Kallman: The protective effects of cysteamine against ionizing radiation in mouse fibroblasts growing in vitro. Biochem. Pharmacol. 13, 545—548 (1964).

[246] Gerber, P.: An infectious deoxyribonucleic acid derived from vacuolating virus (SV$_{40}$). Virology 16, 96—98 (1962).

[247] Gey, G. O., F. B. Bang, and M. K. Gey: Responses of a variety of normal and malignant cells to continuous cultivation, and some practical applications of these responses to problems in the biology of disease. Ann. N. Y. Acad Sci. 58, 976—999 (1954).

[248] —, W. D. Coffman, and M. T. Kubicek: Tissue culture studies on the proliferative capacity of cervical carcinoma and normal epithelium. Cancer Res. 12, 264—265 (1952).

[249] —, M. K. Gey, W. M. Firor, and W. O. Self: Cultural and cytologic studies on autologous normal and malignant cells of specific in vitro origin. Conversion of normal into malignant cells. Acta Unio internat. contra Cancrum 6, 706—712 (1949).

[250] Geyer, R. P., and R. S. Chang: Bicarbonate as an essential for human cells in vitro. Arch. Biochem. Biophys. 73, 500—506 (1958).

[251] Gifford, G. E.: Some effects of anaerobiosis on the growth and metabolism of HeLa cells. Exp. Cell Res. 31, 113—118 (1963).

[252] — Studies on the specificity of interferon. J. gen. Microbiol. 33, 437—443 (1963).

[253] Ginsburg, H.: The in vitro differentiation and culture of normal mast cells from the mouse thymus. Ann. N. Y. Acad. Sci. 103, 20—39 (1963).

[254] —, and L. Sachs: Formation of pure suspension of mast cells in tissue culture by differentiation of lymphoid cells from the mouse thymus. J. nat. Cancer Inst. 31, 1—39 (1963).

[255] Girard, M., S. Penman, and J. E. Darnell: The effect of actinomycin on ribosome formation in HeLa cells. Proc. nat. Acad. Sci. 51, 205—211 (1964).

[256] Goldberg, B., H. Green, and G. J. Todaro: Collagen formation in vitro by established mammalian cell lines. Exp. Cell Res. 31, 444—447 (1963).

[257] Goldblatt, H., and G. Cameron: Induced malignancy in cells from rat myocardium subjected to intermittent anaerobiosis during long propagation in vitro. J. exp. Med. 97, 525—552 (1953).

[258] Goldstein, L., and J. Micou: Nuclear-cytoplasmatic relationships in human cells in tissue culture. III. Autoradiographic study of interrelation of nuclear and cytoplasmic ribonucleic acid. J. biophys. biochem. Cytol. 6, 1—5 (1959).

[259] Graff, S., and K. S. McCarthy: Sustained cell culture. Exp. Cell Res. 13, 348—357 (1957).

[260] Graham, A. F., and A. V. Rake: RNA synthesis and turnover in mammalian cells propagated in vitro. Ann. Rev. Microbiol. 17, 139—166 (1963).

[261] —, and L. Siminovitch: Proliferation of monkey kidney cells in rotating cultures. Proc. Soc. exp. Biol. Med. 89, 326—327 (1955).

[262] — — Conservation of RNA and DNA phosphorus in strain L (Earle) mouse cells. Biochim. biophys. Acta 26, 427—428 (1957).

[263] Green, H., and B. Goldberg: Kinetics of collagen synthesis by established mammalian cell lines. Nature 200, 1097—1098 (1963).

[264] —, and D. Hamermann: Production of hyaluronate and collagen by fibroblast clones in culture. Nature 201, 710 (1964).

[265] Green, J. P., and M. Day: Heparin, 5-hydroxytryptamine, and histamine in neoplastic mast cells. Biochem. Pharmacol. 3, 190—205 (1960).

[266] GREEN, J. P., and M. DAY: Biosynthetic pathways in mastocytom cells in culture and in vivo. Ann. N.Y. Acad. Sci. 103, 334—350 (1963).

[267] GREEN, M.: Studies on the biosynthesis of viral DNA. Cold Spring Harbor Symp. quant. Biol. 27, 219—235 (1962).

[268] —, G. HENLE, and F. DEINHARDT: Respiration and glycolysis of human cells grown in tissue culture. Virology 5, 206—219 (1958).

[269] —, M. PINA, and V. CHAGOYA: Biochemical studies on adenovirus multiplication. V. Enzymes of deoxyribonucleic acid synthesis in cells infected by adenovirus and vaccinia virus. J. biol. Chem. 239, 1188—1197 (1964).

[270] GREENE, A. E., L. L. CORIELL, and J. CHARNEY: A rapid cytotoxic antibody test to determine species of cell cultures. J. nat. Cancer Inst. 32, 779—786 (1964).

[271] GROSS, L.: Oncogenic viruses. New York: Pergamon Press 1961.

[272] GROSSFELD, H., K. MEYER, and G. GODMAN: Differentiation of fibroblasts in tissue culture, as determined by mucopolysaccharide production. Proc. Soc. exp. Biol. Med. 88, 31—35 (1955).

[273] GUMINSKA, M., and J. BORYSIEWICZ: Studies on the Crabtree effect. I. Gaseous metabolism of tissue cultures. Acta biochim. Pol. 9, 71—81 (1962).

[274] GWATKIN, R. B.: Are macromolecules required for growth of single isolated mammalian cells? Nature 186, 984—985 (1960).

[275] GWATKIN, R. B. L., and J. L. THOMSON: A new method for dispersing the cells of mammalian tissues. Nature 201, 1242—1243 (1964).

[276] HABEL, K.: The relationship between polyoma virus multiplication, immunological competence, and resistance to tumor challenge in the mouse. Ann. N. Y. Acad. Sci. 101, 173—179 (1962).

[277] — Antigenic properties of cells transformed by polyoma virus. Cold Spring Harbor Symp. quant. Biol. 27, 433—439 (1962).

[278] — Immunological determinants of polyoma virus oncogenesis. J. exp. Med. 115, 181—193 (1962).

[279] — Polyoma tumor antigen in cells transformed in vitro by polyoma virus. Virology 18, 553—558 (1962).

[280] — Malignant transformation by polyoma virus. Ann. Rev. Microbiol. 17, 167—178 (1963).

[281] HAFF, R. F., and H. E. SWIM: The amino acid requirements of rabbit fibroblasts, strain RM3-56. J. gen. Physiol. 41, 91—100 (1957).

[282] — — Minimal vitamin requirements of rabbit fibroblasts, strain RM3-73. Proc. Soc. exp. Biol. Med. 94, 779—782 (1957).

[283] HAKALA, M. T.: Prevention of toxicity of amethopterin for sarcoma-180 cells in tissue culture. Science 126, 255 (1957).

[284] — Mode of action of 5-bromodeoxyuridine on mammalian cells in culture. J. biol. Chem. 234, 3072—3076 (1959).

[285] — Effect of 5-bromodeoxyuridine incorporation on survival of cultured mammalian cells. Biochim. biophys. Acta 61, 815—823 (1962).

[286] —, and C. A. NICHOL: Studies on the mode of action of 6-mercaptopurine and its ribonucleoside on mammalian cells in culture. J. biol. Chem. 234, 3224—3228 (1959).

[287] — — Prevention of the growth-inhibitory effect of 6-mercaptopurine by 4-amino-imidazole-5-carboxamide. Biochim. biophys. Acta 80, 665—668 (1964).

[288] —, and E. TAYLOR: The ability of purine and thymine derivatives and of glycine to support the growth of mammalian cells in culture. J. biol. Chem. 234, 126—128 (1959).

[289] —, S. F. ZAKRZEWSKI, and C. A. NICHOL: Relation of folic acid reductase to amethopterin resistance in cultured mammalian cells. J. biol. Chem. 236, 952—958 (1961).

[290] HALEVY, S., and L. AVIVI: Effect of triiodothyronine on glucose metabolism in tissue culture. Exp. Cell Res. 20, 458—463 (1960).

[291] HALEY, E. E., G. A. FISCHER, and A. D. WELCH: The requirement for L-asparagine of mouse leukemia cells L5178Y in culture. Cancer Res. 21, 532—536 (1961).

[292] HALLAUER, C.: Die Virusaetiologie der Tumoren. Rektoratsrede, Universität Bern (1960).

[*293*] HALLE, W.: Über die Züchtung von Herzmuskelzellen in einem semisynthetischen Medium und ihr Verhalten gegenüber Digitoxin. Naturwissenschaften 46, 267 (1959).

[*294*] — Über die Kultivierung und das Verhalten spontan pulsierender Herzventrikelzellen in semisynthetischen Nährmedien unter in vitro-Bedingungen. Acta biol. med. Germ. 10, 387—413 (1963).

[*295*] HAM, R. G.: Clonal growth of diploid Chinese hamster cells in a synthetic medium supplemented with purified protein fractions. Exp. Cell Res. 28, 489—500 (1962).

[*296*] — Putrescine and related amines as growth factors for a mammalian cell line. Biochem. biophys. Res. Comm. 14, 34—38 (1963).

[*297*] — An improved nutrient solution for diploid Chinese hamster and human cell lines. Exp. Cell Res. 29, 515—526 (1963).

[*298*] — Albumin replacement by fatty acids in clonal growth of mammalian cells. Science 140, 802—803 (1963).

[*299*] —, and T. T. PUCK: Quantitative colonial growth of isolated mammalian cells. Methods in Enzymology 5, 90—119, Academic Press (1962).

[*300*] HAMPAR, B., and S. A. ELLISON: Cellular alterations in the MCH line of Chinese hamster cells following infection with herpes simplex virus. Proc. nat. Acad. Sci. 49, 474—480 (1961).

[*301*] HANAFUSA, H., T. HANAFUSA, and H. RUBIN: The defectiveness of Rous sarcoma virus. Proc. nat. Acad. Sci. 49, 572—580 (1963).

[*302*] — — — Analysis of the defectiveness of Rous sarcoma virus. II. Specification of RSV antigenicity by helper virus. Proc. nat. Acad. Sci. 51, 41—48 (1964).

[*303*] HANDSCHUMACHER, R. E., and C. A. PASTERNAK: Inhibition of orotidylic acid decarboxylase, a primary site of carcinostasis by 6-azauracil. Biochim. biophys. Acta 30, 451—452 (1958).

[*304*] HARARY, I., and B. FARLEY: In vitro studies of single isolated beating heart cells. Science 131, 1674—1675 (1960).

[*305*] — — In vitro studies on single beating rat heart cells. I. Growth and organization. Exp. Cell Res. 29, 451—465 (1963).

[*306*] — — In vitro studies on single beating rat heart cells. II. Intercellular communication. Exp. Cell Res. 29, 466—474 (1963).

[*307*] HARRINGTON, H.: The effect of X-irradiation on the progress of strain U-12 fibroblasts through the mitotic cycle. Ann. N. Y. Acad. Sci. 95, 901—910 (1961).

[*308*] HARRIS, H.: The relationship between the respiration and multiplication of rat connective tissue cells in vitro. Brit. J. exp. Path. 37, 512—517 (1956).

[*309*] —, H. W. FISHER, A. RODGERS, T. SPENCER, and J. W. WATTS: An examination of the ribonucleic acids in the HeLa cell with special reference to current theory about the transfer of information from nucleus to cytoplasm. Proc. roy. Soc. B 157, 177—198 (1963).

[*310*] HARRISON, R. G.: Observations on the living developing nerve fiber. Proc. Soc. exp. Biol. Med. 4, 140—143 (1907).

[*311*] — Embryonic transplantation and development of the nervous system. Anat. Rec. 2, 385—410 (1908).

[*312*] HAUSCHKA, T. S., J. T. MITCHELL, and D. J. NIEDERPRUEM: A reliable frozen tissue bank: viability and stability of 82 neoplastic and normal cell types after prolonged storage at —78° C. Cancer Res. 19, 643—653 (1959).

[*313*] HAYFLICK, L.: The establishment of a line (WISH) of human amnion cells in continuous cultivation. Exp. Cell Res. 23, 14—20 (1961).

[*314*] —, and P. S. MOORHEAD: The serial cultivation of human diploid cell strains. Exp. Cell Res. 25, 585—621 (1961).

[*315*] HEALY, G. M., D. C. FISHER, and R. C. PARKER: Nutrition of animal cells in tissue culture. VIII. Desoxyribonucleic acid phosphorus as a measure of cell multiplication in replicate cultures. Can. J. Biochem. Physiol. 32, 319—326 (1954).

[*316*] — — — Nutrition of animal cells in tissue culture. X. Synthetic medium No. 858. Proc. Soc. exp. Biol. Med. 89, 71—77 (1955).

[317] HEALY, G. M., L. SIMINOVITCH, R. C. PARKER, and A. F. GRAHAM: Conservation of desoxyribonucleic acid phosphorus in animal cells propagated in vitro. Biochim. biophys. Acta 20, 425—426 (1956).

[318] HEBB, C. R., and M. Y. CHU: Reversible injury of L-strain mouse cells by trypsin. Exp. Cell Res. 20, 453—457 (1960).

[319] HENLE, W.: Interference and interferon in persistent viral infections of cell cultures. J. Immunol. 91, 145—150 (1963).

[320] HERRIOT, R. M.: Infectious nucleic acids, a new dimension in virology. Science 134, 256—260 (1961).

[321] HERRMANN, E. C.: Plaque inhibition test for detection of specific inhibitors of DNA containing viruses. Proc. Soc. exp. Biol. Med. 107, 142—145 (1961).

[322] —, J. GABLIKS, C. ENGLE, and P. L. PERLMAN: Agar diffusion method for the detection and bioassay of antiviral antibiotics. Proc. Soc. exp. Biol. Med. 103, 625—628 (1960).

[323] HERZENBERG, L. A.: I. Steps toward a genetics of somatic cells in culture. II. Maternal isoimmunization as a result of breeding in the mouse. J. cell. comp. Physiol. 60, Suppl. 1, 145—158 (1962).

[324] —, and R. A. ROOSA: Nutritional requirements for growth of a mouse lymphoma in cell culture. Exp. Cell Res. 21, 430—438 (1960).

[325] HILL, R. B., K. G. BENSCH, S. SIMBONIS, and D. W. KING: Variability of content of deoxyribonucleic acid in L-strain fibroblasts. Nature 183, 1818—1819 (1959).

[326] HIRAMOTO, R., J. JURANDOWSKI, J. BERNECKY, and D. PRESSMAN: Immunohistochemical identification of tissue culture cells. Proc. Soc. exp. Biol. Med. 108, 347—353 (1961).

[327] HIRSCHBERG, E.: Tissue culture in cancer chemotherapy screening. Cancer Res. 18, 869—878 (1958).

[328] —, A. GELLHORN, M. R. MURRAY, and E. F. ELSLAGER: Effects of miracil D, amodiaquin, and a series of other 10-thiaxanthenones and 4-aminoquinolines against a variety of experimental tumors in vitro and in vivo. J. nat. Cancer Inst. 22, 567—579 (1959).

[329] HO, M., and J. F. ENDERS: Further studies on an inhibitor of viral activity appearing in infected cell cultures and its role in chronic viral infections. Virology 9, 446—477 (1959).

[330] HOCH-LIGETI, C., and J. L. CAMP: Catecholamine production in tissue cultures of human adrenal medullary tumors and of adrenal medulla. Proc. Soc. exp. Biol. Med. 102, 692—695 (1959).

[331] HOLLAND, J. J.: Inhibition of DNA-primed RNA synthesis during poliovirus infection of human cells. Biochem. biophys. Res. Comm. 9, 556—562 (1962).

[332] — Altered base ratios in RNA synthesized during enterovirus infection of human cells. Proc. nat. Acad. Sci. 48, 2044—2051 (1962).

[333] — Irreversible eclipse of poliovirus by HeLa cells. Virology 16, 163—176 (1962).

[334] — Depression of host-controlled RNA synthesis in human cells during poliovirus infection. Proc. nat. Acad. Sci. 49, 23—28 (1963).

[335] — Enterovirus entrance into specific host cells, and subsequent alterations of cell protein and nucleic acid synthesis. Bact. Revs. 28, 3—13 (1964).

[336] —, and D. W. BASSETT: Evidence for cytoplasmic replication of poliovirus ribonucleic acid. Virology 23, 164—172 (1964).

[337] —, and B. H. HOYER: Early stages of enterovirus infection. Cold Spring Harbor Symp. quant. Biol. 27, 101—112 (1962).

[338] —, and L. C. McLAREN: The mammalian cell-virus relationship. II. Adsorption, reception, and eclipse of poliovirus by HeLa cells. J. exp. Med. 109, 487—504 (1959).

[339] — — The location and nature of enterovirus receptors in susceptible cells. J. exp. Med. 114, 161—171 (1961).

[340] — —, and J. T. SYVERTON: The mammalian cell-virus relationship. IV. Infection of naturally insusceptible cells with enterovirus ribonucleic acid. J. exp. Med. 110, 65—80 (1959).

[341] — — — Mammalian cell-virus relationship. III. Poliovirus production by non-primate cells exposed to poliovirus ribonucleic acid. Proc. Soc. exp. Biol. Med. 100, 843—845 (1959).

[342] HOLLAND, J. J., and J. A. PETERSON: Nucleic acid and protein synthesis during polio-virus infection of human cells. J. mol. Biol. 8, 556—573 (1964).

[343] HOLTZER, H., J. ABBOTT, J. LASH, and S. HOLTZER: The loss of phenotypic traits by differentiated cells in vitro. I. Dedifferentiation of cartilage cells. Proc. nat. Acad. Sci. 46, 1533—1542 (1960).

[344] HOMBURG, C. J., C. J. BOS, W. M. DE BRUYN, and P. EMMELOT: Glycolytic and respiratory properties of malignant and nonmalignant lymphoblasts cultured in vitro. Cancer Res. 21, 353—360 (1961).

[345] HOOD, S. L., and G. NORRIS: Sensitivity of human-cell cultures to soft X-rays. Biochim. biophys. Acta 36, 275—278 (1959).

[346] HOWARTH, S., and R. DOURMASHKIN: A technique for the study of myogenesis in vitro. Exp. Cell Res. 15, 613—615 (1958).

[347] HSU, T. C.: Reduction of transplantability of Novikoff hepatoma cells grown in vitro and the consequent protecting effect to the host against their malignant progenitor. J. nat. Cancer Inst. 25, 927—935 (1960).

[348] —, W. C. DEWEY, and R. M. HUMPHREY: Radiosensitivity of cells of Chinese hamster in vitro in relation to the cell cycle. Exp. Cell Res. 27, 441—452 (1962).

[349] —, R. M. HUMPHREY, and C. E. SOMERS: Responses of Chinese hamster and L cells to 2'-deoxy-5-fluoro-uridine and thymidine. J. nat. Cancer Inst. 32, 839—855 (1964).

[350] —, and P. S. MOORHEAD: Mammalian chromosomes in vitro. VII. Heteroploidy in human cell strains. J. nat. Cancer Inst. 18, 463—473 (1957).

[351] —, and C. M. POMERAT: Mammalian chromosomes in vitro. II. A method for spreading the chromosomes of cells in tissue culture. J. Heredity 44, 23—29 (1953).

[352] — — Mammalian chromosomes in vitro. III. On somatic aneuploidy. J. Morph. 93, 301—329 (1953).

[353] HUMPHREY, R. M., W. C. DEWEY, and A. CORK: Relative ultraviolet sensitivity of different phases in the cell cycle of Chinese hamster cells grown in vitro. Radiation Res. 19, 247—260 (1963).

[354] HUNTER SZYBALSKA, E., and W. SZYBALSKI: Genetics of human cell lines. IV. DNA-mediated heritable transformation of a biochemical trait. Proc. nat. Acad. Sci. 48, 2026—2034 (1962).

[355] ISAACS, A.: Antiviral action of interferon. Brit. med. J. II, 353—355 (1962).

[356] —, H. G. KLEMPERER, and G. HITCHCOCK: Studies on the mechanism of action of interferon. Virology 13, 191—199 (1961).

[357] —, and J. LINDENMANN: Virus interference. I. The interferon. Proc. roy. Soc. B 147 258—267 (1957).

[358] — —, and R. C. VALENTINE: Virus interference. II. Some properties of interferon. Proc. roy. Soc. B 147, 268—273 (1957).

[359] —, J. S. PORTERFIELD, and S. BARON: The influence of oxygenation on virus growth. II. Effect on the antiviral action of interferon. Virology 14, 450—455 (1961).

[360] JACOBS, P. A., A. G. BAIKIE, W. M. C. BROWN, and J. A. STRONG: The somatic chromosomes in mongolism. Lancet 1, 710 (1959).

[361] JAFFE, J. J., G. A. FISCHER, and A. D. WELCH: Structure-action relationships of corticosteroid compounds as inhibitors of leukemic L-5178Y cell reproduction in vivo and in vitro. Biochem. Pharmacol. 12, 1081—1090 (1963).

[362] —, R. E. HANDSCHUMACHER, and A. D. WELCH: Studies on the carcinostatic activity in mice of 6-azauracil riboside (azauridine), in comparison with that of 6-azauracil. Yale J. Biol. Med. 30, 168—175 (1957).

[363] JENSEN, K. E., A. L. NEAL, R. E. OWENS, and J. WARREN: Interferon responses of chick embryo fibroblasts to nucleic acids and related compounds. Nature 200, 433—434 (1963).

[364] JOKLIK, W. K.: The intracellular uncoating of poxvirus DNA. I. The fate of radio-actively-labeled rabbitpox virus. J. mol. Biol. 8, 263—276 (1964).

[365] — The intracellular uncoating of poxvirus DNA. II. The molecular basis of the uncoating process. J. mol. Biol. 8, 277—288 (1964).

[366] Jones, B. M.: The cultivation of insect cells and tissues. Biol. Revs. 37, 512—536 (1962).

[367] Jones, M., and S. L. Bonting: Some relations between growth and carbohydrate metabolism in tissue cultures. Exp. Cell Res. 10, 631—639 (1956).

[368] Jordan, R. T., S. Katsh, and N. de Stackelburg: Spermatocytogenesis with possible spermiogenesis of guinea pig testicular cells grown in vitro. Nature 192, 1053—1055 (1961).

[369] Katsh, S., and R. T. Jordan: Antigenicity of guinea pig testicular cells grown in cell culture as determined by the isolated ileum technique. Nature 192, 770—771 (1961).

[370] Katsuta, H., and T. Takaoka: Synchronous cultivation of a substrain of L cells (mouse fibroblasts) in a protein-free medium. Japan. J. exp. Med. 32, 279—287 (1962).

[371] Kaufman, H. E., and E. D. Maloney: Therapeutic anti-viral activity in tissue culture. Proc. Soc. exp. Biol. Med. 112, 4—7 (1963).

[372] Kelus, A., B. W. Gurner, and R. R. A. Coombs: Blood group antigens on HeLa cells shown by mixed agglutination. Immunol. 2, 262—267 (1959).

[373] Kilbourne, E. D., K. M. Smart, and B. A. Pokorny: Inhibition by cortisone of the synthesis and action of interferon. Nature 190, 650—651 (1961).

[374] Kit, S.: Acquisition of DNA synthesizing enzymes by animal cells infected with pox viruses. Exp. Cell Res., Suppl. 9, 270—275 (1963).

[375] —, and D. R. Dubbs: Acquisition of thymidine kinase activity by herpes simplex infected mouse fibroblast cells. Biochem. biophys. Res. Comm. 11, 55—59 (1963).

[376] — —, L. J. Piekarski, and T. C. Hsu: Deletion of thymidine kinase activity from L cells resistant to bromodeoxyuridine. Exp. Cell Res. 31, 297—312 (1963).

[377] —, L. J. Piekarski, and D. R. Dubbs: Induction of thymidine kinase by vaccinia-infected mouse fibroblasts. J. mol. Biol. 6, 22—33 (1963).

[378] Kitamura, I., M. Ogata, and S. Takahara: Tissue culture of skin in acatalasemia and hypocatalasemia. Proc. Japan Acad. 38, 365—367 (1962).

[379] Klein, E.: Studies on the substrate-induced arginase synthesis in animal cell strains cultured in vitro. Exp. Cell Res. 22, 226—232 (1961).

[380] Koch, G., S. Koenig, and H. E. Alexander: Quantitative studies on the infectivity of ribonucleic acid from partially purified and highly purified poliovirus preparations. Virology 10, 329—343 (1960).

[381] Konigsberg, I. R.: The differentiation of cross-striated myofibrils in short term cell culture. Exp. Cell Res. 21, 414—420 (1960).

[382] — Cellular differentiation in colonies derived from single cell platings of freshly isolated chick embryo muscle cells. Proc. nat. Acad. Sci. 47, 1868—1872 (1961).

[383] — Clonal analysis of myogenesis. Science 140, 1273—1284 (1963).

[384] —, N. McElvain, M. Tootle, and H. Herrmann. The dissociability of deoxyribonucleic acid synthesis from the development of multinuclearity of muscle cells in culture. J. biophys. biochem. Cytol. 8, 333—343 (1960).

[385] Konrad, C. G.: Protein synthesis and RNA synthesis during mitosis in animal cells. J. Cell Biol. 19, 267—277 (1963).

[386] Koprowski, H., J. A. Ponten, F. Jensen, R. G. Ravdin, P. Moorhead, and E. Saksela: Transformation of cultures of human tissue infected with simian virus SV_{40}. J. cell. comp. Physiol. 59, 281—292 (1962).

[387] Krooth, R. S., R. R. Howell, and H. B. Hamilton: Properties of acatalasic cells growing in vitro. J. exp. Med. 115, 313—328 (1962).

[388] —, and A. N. Weinberg: Properties of galactosemic cells in culture. Biochem. biophys. Res. Comm. 3, 518—524 (1960).

[389] — — Studies on cell lines developed from the tissues of patients with galactosemia. J. exp. Med. 113, 1155—1172 (1961).

[390] Kuchler, R. J.: The flexible nature of the amino acid pool in L strain fibroblasts. Proc. Soc. exp. Biol. Med. 116, 20—25 (1964).

[391] —, and R. C. Grauer: The free amino acid pool in L-strain fibroblasts. Biochim. biophys. Acta 57, 534—542 (1962).

[392] KUYPER, C. M. A., L. A. SMETS, and A. C. M. PIECK: The life cycle of a strain of liver cells cultivated in vitro. Exp. Cell Res. 26, 217—219 (1962).

[393] LARIN, N. M.: Interferon. IInd int. Symp. Chemotherapy, Naples, II, 9—18 (1963).

[394] LAW, L. W.: Origin of the resistance of leukemic cells to folic acid antagonists. Nature 169, 628—629 (1952).

[395] LEIDY, G., K. SPRUNT, W. REDMAN, and H. E. ALEXANDER: Sensitivity of populations of clonal lines of HeLa cells to polioviruses. Proc. Soc. exp. Biol. Med. 102, 81—85 (1959).

[396] LEIGHTON, J., I. KLINE, M. BELKIN, F. LEGALLAIS, and H. C. ORR: The similarity in histological appearance of some human "cancer" and "normal" cell strains in sponge-matrix tissue culture. Cancer Res. 17, 359—363 (1957).

[397] LESLIE, I., W. C. FULTON, and R. SINCLAIR: The influence of the medium on the insulin response of two unrelated human cells grown in tissue culture. Biochem. J. 63, 18P—19P (1956).

[398] — — — Biochemical tests for malignancy applied to a new strain of human cells. Nature 178, 1179—1180 (1956).

[399] — — — The metabolism of human embryonic and malignant cells and their response to insulin. Biochim. biophys. Acta 24, 365—380 (1957).

[400] LETTRÉ, H.: Zur Chemie und Biologie der Mitosegifte. Angew. Chem. 63, 421—430 (1952).

[401] LEVAN, A., and J. J. BIESELE: Role of chromosomes in cancerogenesis, as studied in serial tissue culture of mammalian cells. Ann. N.Y. Acad. Sci. 71, 1022—1053 (1958).

[402] LEVINE, S.: Effect of manipulation on ^{32}P loss from tissue culture cells. Exp. Cell Res. 19, 220—227 (1960).

[403] LEVINTOW, L., and H. EAGLE: Biochemistry of cultured mammalian cells. Ann. Rev. Biochem. 30, 605—640 (1961).

[404] — — The technique of mammalian cell culture. Methods in Enzymology 5, 77—89, Academic Press (1962).

[405] — —, and K. A. PIEZ: The role of glutamine in protein biosynthesis in tissue culture. J. biol. Chem. 227, 929—941 (1957).

[406] LEVIS, A. G., and A. DE NADAI: Nucleic acid and protein synthesis in nitrogen mustard induced giant cells in vitro. Exp. Cell Res. 33, 207—215 (1964).

[407] —, L. SPANIO, and A. DE NADAI: Radiomimetic effects of a nitrogen mustard on survival, growth, protein and nucleic acid synthesis of mammalian cells in vitro. Exp. Cell Res. 31, 19—30 (1963).

[408] LIEBERMAN, I., R. ABRAMS, N. HUNT, and P. OVE: Levels of enzyme activity and deoxyribonucleic acid synthesis in mammalian cells cultured from the animal. J. biol. Chem. 238, 3955—3962 (1963).

[409] — —, and P. OVE: Changes in the metabolism of ribonucleic acid preceding the synthesis of deoxyribonucleic acid in mammalian cells cultured from the animal. J. biol. Chem. 238, 2141—2149 (1963).

[410] —, and P. OVE: Purification of a serum protein required by a mammalian cell in tissue culture. Biochim. biophys. Acta 25, 449—450 (1957).

[411] — — Enzyme activity levels in mammalian cell cultures. J. biol. Chem. 233, 634—636 (1958).

[412] — — A protein growth factor for mammalian cells in culture. J. biol. Chem. 233, 637—642 (1958).

[413] — — Growth factors for mammalian cells in culture. J. biol. Chem. 234, 2754—2758 (1959).

[414] — — Isolation and study of mutants from mammalian cells in culture. Proc. nat. Acad. Sci. 45, 867—872 (1959).

[415] — — Estimation of mutation rates with mammalian cells in culture. Proc. nat. Acad. Sci. 45, 872—877 (1959).

[416] — — Enzyme studies with mutant mammalian cells. J. biol. Chem. 235, 1765—1768 (1960).

[417] Lieberman, I., and P. Ove: Desoxyribonucleic acid synthesis and its inhibition in mammalian cells cultured from the animal. J. biol. Chem. 237, 1634—1642 (1962).

[418] —, J. S. Youngner, and P. Ove: Virus production by subcultured monkey-kidney cells. Science 131, 936 (1960).

[419] Littlefield, J. W.: DNA synthesis in partially synchronized L cells. Exp. Cell Res. 26, 318—326 (1962).

[420] — The inosinic acid pyrophosphorylase activity of mouse fibroblasts partially resistant to 8-azaguanine. Proc. nat. Acad. Sci. 50, 568—576 (1963).

[421] —, and E. A. Gould: The toxic effect of 5-bromodeoxyuridine on cultured epithelial cells. J. biol. Chem. 235, 1129—1133 (1960).

[422] Lockart, R. Z.: The necessity for cellular RNA and protein synthesis for viral inhibition resulting from interferon. Biochem. biophys. Res. Comm. 15, 513—518 (1964).

[423] —, and H. Eagle: Requirements for growth of single human cells. Science 129, 252—254 (1959).

[424] —, T. Sreevalsan, and B. Horn: Inhibition of viral RNA synthesis by interferon. Virology 18, 493—494 (1962).

[425] Loddo, B., W. Ferrari, G. Brotzu, and A. Spanedda: In vitro inhibition of infectivity of polio viruses by guanidine. Nature 193, 97—98 (1962).

[426] Ludford, R. J.: The production of tumours by cultures of normal cells treated with filtrates of filterable fowl tumours. Amer. J. Cancer 31, 414—429 (1937).

[427] Ludovici, P. P., R. A. Pock, R. T. Christian, G. M. Riley, and N. F. Miller: Detection of characteristic differences in the irradiation sensitivity of four human cancer cell strains. Radiation Res. 14, 141—148 (1961).

[428] Maassab, H. F., P. C. Loh, and W. W. Ackermann: Growth characteristics of poliovirus in HeLa cells: nucleic acid metabolism. J. exp. Med. 106, 641—648 (1957).

[429] Macpherson, I.: Characteristics of a hamster cell clone transformed by polyoma virus. J. nat. Cancer Inst. 30, 795—815 (1963).

[430] —, and L. Montagnier: Agar suspension culture for the selective assay of cells transformed by polyoma virus. Virology 23, 291—294 (1964).

[431] —, and M. Stoker: Polyoma transformation of hamster cell clones — an investigation of genetic factors affecting cell competence. Virology 16, 147—151 (1962).

[432] Magee, W. E.: DNA polymerase and deoxyribonucleotide kinase activities in cells infected with vaccinia virus. Virology 17, 604—607 (1962).

[433] —, and O. V. Miller: Dissociation of the synthesis of host and viral deoxyribonucleic acid. Biochim. biophys. Acta 55, 818—826 (1962).

[434] —, M. R. Sheek, and B. P. Sagik: Methods of harvesting mammalian cells grown in tissue culture. Proc. Soc. exp. Biol. Med. 99, 390—392 (1958).

[435] Maio, J. J., and L. de Carli: Induction and repression of alkaline phosphatase in human cultured cells by prednisolone, hydrocortisone and organic monophosphates. Biochem. biophys. Res. Comm. 11, 335—342 (1963).

[436] —, and H. V. Rickenberg: Carbohydrate and amino acid transport by mammalian cells grown in tissue culture. Exp. Cell Res. 27, 31—47 (1962).

[437] Mak, S., and J. E. Till: The effects of X-rays on the progress of L-cells through the cell cycle. Radiation Res. 20, 600—618 (1963).

[438] Manson, L. A., G. V. Foschi, J. F. Duplan, and O. B. Zaalberg: Isolation of transplantation antigens from a leukemic cell grown in vitro. Ann. N.Y. Acad. Sci. 101, 121—130 (1962).

[439] — —, and J. Palm: In vivo und in vitro studies of histocompatibility antigens isolated from a cultured mouse cell line. Proc. nat. Acad. Sci. 48, 1816—1822 (1962).

[440] Marcus, P. I.: Dynamics of surface modification in myxovirus-infected cells. Cold Spring Harbor Symp. quant. Biol. 27, 351—365 (1962).

[441] —, S. J. Cieciura, and T. T. Puck: Clonal growth in vitro of epithelial cells from normal human tissues. J. exp. Med. 104, 615—628 (1956).

[442] —, and T. T. Puck: Host-cell interaction of animal viruses. I. Titration of cell-killing by viruses. Virology 6, 405—423 (1958).

[443] MARCUS, P. I., and E. ROBBINS: Viral inhibition in the metaphase-arrest cell. Proc. nat. Acad. Sci. 50, 1156—1164 (1963).

[444] DE MARS, R.: The inhibition by glutamine of glutamyl transferase formation in cultures of human cells. Biochim. biophys. Acta 27, 435—436 (1958).

[445] MATHIAS, A. P., G. A. FISCHER, and W. H. PRUSOFF: Inhibition of the growth of mouse leukemia cells in culture by 5-iododeoxyuridine. Biochim. biophys. Acta 36, 560—561 (1959).

[446] MATTERN, C. F. T., F. S. BRACKET, and B. J. OLSON: Determination of number and size of particles by electronic gating: blood cells. J. applied Physiol. 10, 56—70 (1957).

[447] McAUSLAN, B. R.: The induction and repression of thymidine kinase in the poxvirus-infected HeLa cell. Virology 21, 383—389 (1963).

[448] McBRIDE, W. D., and A. WIENER: In vitro transformation of hamster kidney cells by human adenovirus type 12. Proc. Soc. exp. Biol. Med. 115, 870—874 (1964).

[449] McCoY, T. A., M. MAXWELL, and P. F. KRUSE: The amino acid requirements of the Jensen sarcoma in vitro. Cancer Res. 19, 591—595 (1959).

[450] — —, and R. E. NEUMAN: The amino acid requirements of the Walker carcinosarcoma 256 in vitro. Cancer Res. 16, 979—984 (1956).

[451] —, and R. E. NEUMAN: The cultivation of Walker carcinosarcoma 256 in vitro from cell suspensions. J. nat. Cancer Inst. 16, 1221—1229 (1956).

[452] McFALL, E., and B. MAGASANIK: The control of purine biosynthesis in cultured mammalian cells. J. biol. Chem. 235, 2103—2108 (1960).

[453] —, and G. S. STENT: Continuous synthesis of deoxyribonucleic acid in Escherichia coli. Biochim. biophys. Acta 34, 580—582 (1959).

[454] McINTIRE, F. C., and M. F. SMITH: A new chemical method for measuring cell populations in tissue culture. Proc. Soc. exp. Biol. Med. 98, 76—79 (1958).

[455] —, and M. F. SPROULL: A simple method for determination of desoxypentose nucleic acid in tissue cultures. Proc. Soc. exp. Biol. Med. 95, 458—462 (1957).

[456] McKENNA, J. M., and K. M. STEVENS: Studies on antibody formation by peritoneal exudate cells in vitro. J. exp. Med. 111, 573—600 (1960).

[457] McLAREN, L. C., J. J. HOLLAND, and J. T. SYVERTON: The mammalian cell-virus relationship. I. Attachment of poliovirus to cultivated cells of primate and non-primate origin. J. exp. Med. 109, 475—485 (1959).

[458] — — — The mammalian cell-virus relationship. V. Susceptibility and resistance of cells in vitro to infection by Coxsackie A9 virus. J. exp. Med. 112, 581—594 (1960).

[459] McLIMANS, W. F., C. BONISSOL, E. V. DAVIS, and G. RAKE: Nystatin, an antibiotic useful for the control of fungal and yeast contaminants in tissue culture. In: H. WELCH, F. MARTI-IBANEZ (Ed.): Antibiotics Annual 1955—1956; p. 690—696. New York: Medical Encyclopedia, Inc. 1956.

[460] —, E. V. DAVIS, F. L. GLOVER, and G. W. RAKE: The submerged culture of mammalian cells: the spinner culture. J. Immunol. 79, 428—433 (1957).

[461] McQUILKIN, W. T., V. J. EVANS, and W. R. EARLE: The adaptation of additional lines of NCTC clone 929 (strain L) cells to chemically defined protein-free medium NCTC 109. J. nat. Cancer Inst. 19, 885—907 (1957).

[462] MELNYKOVYCH, G.: Effect of corticosteroids on the formation of alkaline phosphatase in HeLa cells. Biochem. biophys. Res. Comm. 8, 81—86 (1962).

[463] MERCHANT, D. J., and R. H. KAHN: Fiber formation in suspension cultures of L strain fibroblasts. Proc. Soc. exp. Biol. Med. 97, 359—362 (1958).

[464] METZGAR, D. P., and M. MOSKOWITZ: Separation of growth promoting activity from horse serum by dialysis. Proc. Soc. exp. Biol. Med. 104, 363—365 (1960).

[465] METZGER, J. F., M. H. FUSILLO, I. CORNMAN, and D. M. KUHNS: Antibiotics in tissue culture. Exp. Cell Res. 6, 337—344 (1954).

[466] MICHL, J.: Metabolism of cells in tissue culture in vitro. I. The influence of serum protein fractions on the growth of normal and neoplastic cells. Exp. Cell Res. 23, 324—334 (1961).

[467] Miura, T., and T. Utakoji: Studies on synchronous division of FL cells by chilling. Exp. Cell Res. 23, 452—459 (1961).

[468] Mohler, W. C., and M. M. Elkind: Radiation response of mammalian cells grown in culture. III. Modification of X-ray survival of Chinese hamster cells by 5-bromodeoxyuridine. Exp. Cell Res. 30, 481—491 (1963).

[469] Montagnier, L., et I. Macpherson: Croissance sélective en gélose de cellules de Hamster transformées par le virus du polyome. Compt. rend. Acad. Sci. 258, 4171—4173 (1964).

[470] Moon, H. D., V. L. Jentoft, and C. H. Li: Effect of human growth hormone on growth of cells in tissue culture. Endocrinology 70, 31—38 (1962).

[471] Moore, G. E., D. F. Lehner, Y. Kikuchi, and L. A. Less: Continuous culture of a melanotic cell line from the golden hamster. Science 137, 986—987 (1962).

[472] Moorhead, P. S.: Chromosome morphology as a genetic marker. Univ. Mich. med. Bull. 28, 294—312 (1962).

[473] —, and V. Defendi: Asynchrony of DNA synthesis in chromosomes of human diploid cells. J. Cell Biol. 16, 202—209 (1963).

[474] Morann, G. L., and J. L. Melnick: Poliomyelitis virus in tissue culture. VI. Use of kidney epithelium grown on glass. Proc. Soc. exp. Biol. Med. 84, 558—563 (1953).

[475] Morgan, H. R., and A. P. Andrese: Malignancy in vivo of chick embryo cells infected with Rous sarcoma virus in vitro. Experientia 17, 309—310 (1961).

[476] Morgan, J. F.: Tissue culture nutrition. Bact. Revs. 22, 20—45 (1958).

[477] —, N. J. Morton, and R. C. Parker: Nutrition of animal cells in tissue culture. I. Initial studies on a synthetic medium. Proc. Soc. exp. Biol. Med. 73, 1—8 (1950).

[478] Morris, C. C.: Quantitative studies on the production of acid mucopolysaccharides by replicate cell cultures of rat fibroblasts. Ann. N. Y. Acad. Sci. 86, 878—915 (1960).

[479] Morris, N. R., and G. A. Fischer: Studies concerning inhibition of the synthesis of deoxycytidine by phosphorylated derivatives of thymidine. Biochim. biophys. Acta 42, 183—184 (1960).

[480] — — Studies concerning the inhibition of cellular reproduction by deoxyribonucleosides. I. Inhibition of the synthesis of deoxycytidine by a phosphorylated derivative of thymidine. Biochim. biophys. Acta 68, 84—92 (1963).

[481] —, P. Reichard, and G. A. Fischer: Studies concerning the inhibition of cellular reproduction by deoxyribonucleosides. II. Inhibition of the synthesis of deoxycytidine by thymidine, deoxyadenosine and deoxyguanosine. Biochim. biophys. Acta 68, 93—99 (1963).

[482] Moscona, A.: Cell suspensions from organ rudiments of chick embryos. Exp. Cell Res. 3, 535—539 (1952).

[483] Moser, H.: Modern approaches to the study of mammalian cells in culture. Experientia 16, 385—398 (1960).

[484] Mueller, G. C., K. Kajiwara, E. Stubblefield, and R. R. Rueckert: Molecular events in the reproduction of animal cells. I. The effect of puromycin on the duplication of DNA. Cancer Res. 22, 1084—1090 (1962).

[485] Murray, M. R.: Recent advances of tissue culture in cancer research. Experientia 15, 289—294 (1959).

[486] —, and G. Kopech: A bibliography of the research in tissue culture. New York: Academic Press, 1953.

[487] Nagle, S. C., H. R. Tribble, R. E. Anderson, and N. D. Gary: A chemically defined medium for growth of animal cells in suspension. Proc. Soc. exp. Biol. Med. 112, 340—344 (1963).

[488] Negroni, G.: Progress with some tumor viruses of chickens and mammals: the problem of passenger viruses. Adv. Cancer Res. 7, 515—561 (1963).

[489] Neuman, R. E., and T. A. McCoy: Dual requirement of Walker carcinosarcoma 256 in vitro for asparagine and glutamine. Science 124, 124—125 (1956).

[490] — — Growth-promoting properties of pyruvate, oxaloacetate, and α-ketoglutarate for isolated Walker carcinosarcoma 256 cells. Proc. Soc. exp. Biol. Med. 98, 303—306 (1958).

[491] NEUMAN, R. E., and A. A. TYTELL: Purine stimulation of Walker carcinosarcoma 256 in cell culture. Exp. Cell. Res. 15, 637—639 (1958).

[492] — — Serumless medium for cultivation of cells of normal and malignant origin. Proc. Soc. exp. Biol. Med. 104, 252—256 (1960).

[493] — — Iron replacement of lactalysate and embryo extract in growth of cell cultures. Proc. Soc. exp. Biol. Med. 107, 876—880 (1961).

[494] NEWTON, A. A., and P. WILDY: Parasynchronous division of HeLa cells. Exp. Cell Res. 16, 624—635 (1959).

[495] NIERLICH, D. P., and E. McFALL: Repression of an enzyme of purine biosynthesis in L cells. Biochim. biophys. Acta 76, 469—470 (1963).

[496] NITOWSKY, H. M., F. HERZ, and S. GELLER: Induction of alkaline phosphatase in dispersed cell cultures by changes in osmolarity. Biochem. biophys. Res. Comm. 12, 293—299 (1963).

[497] NOWELL, P. C.: Phytohemagglutinin: an initiator of mitosis in cultures of normal human leukocytes. Cancer Res. 20, 462—466 (1960).

[498] ODA, M., and T. T. PUCK: The interaction of mammalian cells with antibodies. I. J. exp. Med. 113, 599—610 (1961).

[499] OKADA, Y., and J. TADOKORO: The distribution of cell fusion capacity among several cell strains or cells caused by HVJ. Exp. Cell Res. 32, 417—430 (1964).

[500] O'SULLIVAN, D. G., and P. W. SADLER: Agents with high activity against type 2 poliovirus. Nature 192, 341—343 (1961).

[501] OYAMA, V. I., and H. EAGLE: Measurement of cell growth in tissue culture with a phenol reagent (Folin-Ciocalteau). Proc. Soc. exp. Biol. Med. 91, 305—307 (1956).

[502] OZZELLO, L.: Effects of 17-β-estradiol and of growth hormone on the production of acid mucopolysaccharides by human embryonal fibroblasts in vitro. J. Cell Biol. 21, 283—286 (1964).

[503] PACE, D. M., J. R. THOMPSON, and W. A. VAN CAMP: Effects of oxygen on growth in several established cell lines. J. nat. Cancer Inst. 28, 897—909 (1962).

[504] PAINTER, R. B.: Asynchronous replication of HeLa S3 chromosomal deoxyribonucleic acid. J. biophys. biochem. Cytol. 11, 485—488 (1961).

[505] —, and R. M. DREW: Studies on deoxyribonucleic acid metabolism in human cancer cell cultures (HeLa). Lab. Invest. 8, 278—285 (1959).

[506] — —, and B. G. GIAUQUE: Further studies on deoxyribonucleic acid metabolism in mammalian cell cultures. Exp. Cell Res. 21, 98—105 (1960).

[507] —, V. W. R. McALPINE, and M. GERMANIS: The relationship of the metabolic state of deoxyribonucleic acid during X-irradiation to HeLa S3 giant cell formation. Radiation Res. 14, 653—661 (1961).

[508] PARKER, F., and R. N. NYE: Studies on filterable viruses. I. Cultivation of vaccine virus. Amer. J. Path. 1, 325—335 (1925).

[509] PARKER, R. C.: Methods of tissue culture. Hoeber Medical Division, Harper & Row, New York (1961).

[510] —, L. N. CASTOR, and E. A. McCULLOCH: Altered cell strains in continuous culture: a general survey. N. Y. Acad. Sci., Spec. Publ. 5, 303—313 (1957).

[511] PASTERNAK, C. A., G. A. FISCHER, and R. E. HANDSCHUMACHER: Alterations in pyrimidine metabolism in L5178Y leukemia cells resistant to 6-azauridine. Cancer Res. 21, 110—117 (1961).

[512] —, and R. E. HANDSCHUMACHER: The biochemical activity of 6-azauridine: interference with pyrimidine metabolism in transplantable mouse tumors. J. biol. Chem. 234, 2992—2997 (1959).

[513] PATERSON, A. R. P.: Resistance to 6-mercaptopurine. II. The synthesis of thioinosinate in a 6-mercaptopurine-resistant subline of the Ehrlich ascites carcinoma. Can. J. Biochem. Physiol. 40, 195—206 (1962).

[514] —, and A. HORI: Resistance to 6-mercaptopurine. I. Biochemical differences between the Ehrlich ascites carcinoma and a 6-mercaptopurine-resistant subline. Can. J. Biochem. Physiol. 40, 181—194 (1962).

[515] Paucker, K., K. Cantell, and W. Henle: Quantitative studies on viral interference in suspended L cells. III. Effect of interfering virus and interferon on the growth rate of cells. Virology 17, 324—334 (1962).

[516] Paul, J.: The chemical determination of deoxyribonucleic acid in tissue cultures. J. biophys. biochem. Cytol. 2, 797—798 (1956).

[517] — Environmental influences on the metabolism and composition of cultured cells. J. exp. Zool. 142, 475—505 (1960).

[518] — Cell and tissue culture. Edinburgh and London: E. & S. Livingstone Ltd., 1961.

[519] — Mechanisms of metabolic control in cultured mammalian cells. In: J. W. Green, Ed.: New developments in tissue culture; p. 23—37. New Brunswick: Rutgers University Press, 1961.

[520] — The cancer cell in vitro. Cancer Res. 22, 431—440 (1962).

[521] —, and P. F. Fottrell: Mechanism of D-glutamyltransferase repression in mammalian cells. Biochim. biophys. Acta 67, 334—336 (1963).

[522] —, and A. Hagiwara: A kinetic study of the action of 8-azaguanine on synthetic processes in mammalian cells. Biochim. biophys. Acta 55, 990—993 (1962).

[523] — — A kinetic study of the action of 5-fluoro-2'-deoxyuridine on synthetic processes in mammalian cells. Biochim. biophys. Acta 61, 243—249 (1962).

[524] —, and E. S. Pearson: Metabolism of chick embryonic liver explants during transition from in vivo to in vitro conditions. Exp. Cell Res. 12, 223—230 (1957).

[525] — — The action of insulin on the metabolism of cell cultures. J. Endocrinol. 21, 287—294 (1960).

[526] Penman, S., Y. Becker, and J. E. Darnell: A cytoplasmic structure involved in the synthesis and assembly of poliovirus components. J. mol. Biol. 8, 541—555 (1964).

[527] Penso, G., and D. Balducci: Tissue cultures in biological research. Amsterdam: Elsevier 1963.

[528] Perry, R. P.: The cellular sites of synthesis of ribosomal and 4S RNA. Proc. nat. Acad. Sci. 48, 2179—2186 (1962).

[529] — Selective effects of actinomycin D on the intracellular distribution of RNA synthesis in tissue culture cells. Exp. Cell Res. 29, 400—406 (1963).

[530] —, M. Errera, A. Hell, and H. Dürwald: Kinetics of nucleoside incorporation into nuclear and cytoplasmic RNA. J. biophys. biochem. Cytol. 11, 1—13 (1961).

[531] —, A. Hell, and M. Errera: The role of the nucleolus in ribonucleic acid- and protein synthesis. I. Incorporation of cytidine into normal and nucleolar inactivated HeLa cells. Biochim. biophys. Acta 49, 47—57 (1961).

[532] Perske, W. F., R. E. Parks, and D. L. Walker: Metabolic differences between hepatic parenchymal cells and a cultured cell line from liver. Science 125, 1290—1291 (1957).

[533] Petursson, G., J. I. Coughlin, and C. Meylan: Long-term cultivation of diploid rat cells. Exp. Cell Res. 33, 60—67 (1964).

[534] Philip, J., and E. S. Vesell: Sequential alterations of lactic dehydrogenase isozymes during embryonic development and in tissue culture. Proc. Soc. exp. Biol. Med. 110, 582—585 (1962).

[535] Piez, K. A., and H. Eagle: The free amino acid pool of cultured human cells. J. biol. Chem. 231, 533—545 (1958).

[536] Pious, D. A., R. N. Hamburger, and S. E. Mills: Clonal growth of primary human cell cultures. Exp. Cell Res. 33, 495—507 (1964).

[537] Pirt, S. J., and D. S. Callow: Continuous-flow culture of the ERK and L types of mammalian cells. Exp. Cell Res. 33, 413—421 (1964).

[538] Porterfield, J. S., and M. J. Ashwood-Smith: Preservation of cells in tissue culture by glycerol and dimethyl sulfoxide. Nature 193, 548—550 (1962).

[539] Prescott, D. M., and M. A. Bender: Synthesis of RNA and protein during mitosis in mammalian tissue culture cells. Exp. Cell Res. 26, 260—268 (1962).

[540] — — Autoradiographic study of chromatid distribution of labeled DNA in two types of mammalian cells in vitro. Exp. Cell Res. 29, 430—442 (1963).

[541] Prince, A. M.: Quantitative studies on Rous sarcoma virus. VI. Clonal analysis of in vitro infection. Virology 11, 400—424 (1960).

[542] Puck, T. T.: The genetics of somatic mammalian cells. Adv. biol. med. Phys. 5, 75—101 (1957).

[543] — The mammalian cell as an independent organism. N. Y. Acad. Sci., Spec. Publ. 5, 291—298 (1958).

[544] — Action of radiation on mammalian cells. III. Relationship between reproductive death and induction of chromosome anomalies by X-irradiation of euploid human cells in vitro. Proc. nat. Acad. Sci. 44, 772—780 (1958).

[545] — The action of radiation on mammalian cells. Amer. Naturalist 94, 95—109 (1960).

[546] — Cellular aspects of irradiation and aging in mammals. Fed. Proc. 20, Suppl. 8, 31—34 (1961).

[547] —, S. J. Cieciura, and H. W. Fisher: Clonal growth in vitro of human cells with fibroblastic morphology. Comparison of growth and genetic characteristics of single epithelioid and fibroblast-like cells from a variety of human organs. J. exp. Med. 106, 145—158 (1957).

[548] — —, and A. Robinson: Genetics of somatic mammalian cells. III. Long-term cultivation of euploid cells from human and animal subjects. J. exp. Med. 108, 945—956 (1958).

[549] —, and H. W. Fisher: Genetics of somatic mammalian cells. I. Demonstration of the existence of mutants with different growth requirements in a human cancer cell strain (HeLa). J. exp. Med. 104, 427—433 (1956).

[550] —, and P. I. Marcus: A rapid method for viable cell titration and clone production with HeLa cells in tissue culture. Proc. nat. Acad. Sci. 41, 432—437 (1955).

[551] — — Action of X-rays on mammalian cells. J. exp. Med. 103, 653—666 (1956).

[552] — —, and S. J. Cieciura: Clonal growth of mammalian cells in vitro. J. exp. Med. 103, 273—284 (1956).

[553] —, D. Morkovin, P. I. Marcus, and S. J. Cieciura: Action of X-rays on mammalian cells. II. Survival curves of cells from normal human tissues. J. exp. Med. 106, 485—500 (1957).

[554] —, and J. Steffen: Life cycle analysis of mammalian cells. I. A method for localizing metabolic events within the life cycle, and its application to the action of colcemide and sublethal doses of X-irradiation. Biophys. J. 3, 379—397 (1963).

[555] Pumper, R. W.: Adaptation of tissue culture cells to a serum-free medium. Science 128, 363 (1958).

[556] Rabin, H., C. F. A. Heijen, M. Foard, and F. B. Bang: Attempts to obtain virus-free Rous tumors in tissue culture. J. nat. Cancer Inst. 30, 467—476 (1963).

[557] Rabson, A. S., and R. L. Kirschstein: Induction of malignancy in vitro in newborn hamster kidney tissue infected with simian vacuolating virus (SV40). Proc. Soc. exp. Biol. Med. 111, 323—328 (1962).

[558] Ragni, G., and W. Szybalski: Molecular radiobiology of human cell lines. II. Effects of thymidine replacement by halogenated analogues on cell inactivation by decay of incorporated radiophosphorus. J. mol. Biol. 4, 338—346 (1962).

[559] — —, E. Borowski, and C. P. Schaffner: N-Acetylcandidin, a water-soluble polyene antibiotic for fungal prophylaxis and decontamination of tissue cultures. Antibiotics and Chemotherapy 11, 797—799 (1961).

[560] Rake, A. V., and A. F. Graham: Biosynthesis of ribonucleic acid in mammalian cells. J. cell. comp. Physiol. 60, 139—147 (1962).

[561] Rappaport, C., J. P. Poole, and H. P. Rappaport: Studies on properties of surfaces required for growth of mammalian cells in synthetic medium. Exp. Cell Res. 20, 465—510 (1960).

[562] Regniers, P., and R. J. Wieme: The lactate dehydrogenase isoenzyme pattern of human cells maintained in long-term culture. Arch. int. Pharmacodyn. 140, 409—415 (1962).

[563] Reich, E., R. M. Franklin, A. J. Shatkin, and E. L. Tatum: Effect of actinomycin D on cellular nucleic acid synthesis and virus production. Science 134, 556—557 (1961).

[564] — — — — Action of actinomycin D on animal cells and viruses. Proc. nat. Acad. Sci. 48, 1238—1245 (1962).

[565] Reinert, J.: Morphogenesis in plant tissue cultures. Endeavour 21, 85—90 (1962).

[566] Resseguie, L.: Myogenesis in cell culture. J. exp. Zool. 148, 41—67 (1961).

[567] Reusser, F., C. G. Smith, and C. L. Smith: Investigations on somatotropin production of human anterior pituitary cells in tissue culture. Proc. Soc. exp. Biol. Med. **109**, 375—378 (1962).

[568] Rich, A., S. Penman, Y. Becker, J. Darnell, and C. Hall: Polyribosomes: Size in normal and polio-infected HeLa cells. Science **142**, 1658—1663 (1963).

[569] Rich, M. A., J. L. Bolaffi, J. E. Knoll, L. Cheong, and M. L. Eidinoff: Growth inhibition of a human cell strain by 5-fluorouracil, 5-fluorouridine, and 5-fluoro-2′-deoxyuridine — reversal studies. Cancer Res. **18**, 730—735 (1958).

[570] Robbins, E., and N. K. Gonatas: The ultrastructure of a mammalian cell during the mitotic cycle. J. Cell Biol. **21**, 429—463 (1964).

[571] —, and P. I. Marcus: Mitotically synchronized mammalian cells: a simple method for obtaining large populations. Science **144**, 1152—1153 (1964).

[572] Roosa, R. A., T. R. Bradley, L. W. Law, and L. A. Herzenberg: Characterization of resistance to amethopterin, 8-azaguanine and several fluorinated pyrimidines in the murine lymphocytic neoplasm, P388. J. cell. comp. Physiol. **60**, 109—126 (1962).

[573] Rose, G. G.: The morphological diversity of Gey's strain HeLa after ten years in tissue culture. Texas Repts. Biol. Med. **20**, 308—337 (1962).

[574] Rose, W. C., R. L. Wixom, H. B. Lockhart, and G. F. Lambert: The amino acid requirements of man. XV. The valine requirement; summary and final observations. J. biol. Chem. **217**, 987—995 (1955).

[575] Rosenberg, S. A., M. Kodani, and J. C. Rosenberg: The malignant melanoma of hamsters. II. Growth and morphology of a transplanted melanotic and amelanotic tumor in tissue culture. Cancer Res. **21**, 632—635 (1961).

[576] Rubin, H.: Response of cell and organism to infection with avian tumor viruses. Bact. Revs. **26**, 1—13 (1962).

[577] —, and H. M. Temin: A radiological study of cell-virus interaction in the Rous sarcoma. Virology **7**, 75—91 (1959).

[578] Ruddle, F. H., L. Berman, and C. S. Stulberg: Chromosome analysis of five long-term cell culture populations derived from nonleukemic human peripheral blood (Detroit strains). Cancer Res. **18**, 1048—1059 (1958).

[579] Rueckert, R. R., and G. C. Mueller: Effect of oxygen tension on HeLa cell growth. Cancer Res. **20**, 944—949 (1960).

[580] — — Studies on unbalanced growth in tissue culture. I. Induction and consequences of thymidine deficiency. Cancer Res. **20**, 1584—1591 (1960).

[581] Ryser, H. J. P.: The measurement of I^{131}-serum albumin uptake by tumor cells in tissue culture. Lab. Invest. **12**, 1009—1017 (1963).

[582] Sachs, L., and D. Medina: In vitro transformation of normal cells by polyoma virus. Nature **189**, 457—458 (1961).

[583] —, D. Medina, and Y. Berwald: Cell transformation by polyoma virus in clones of hamster and mouse cells. Virology **17**, 491—493 (1962).

[584] Sadler, P. W.: Chemotherapy of viral diseases. Pharmacol. Revs. **15**, 407—447 (1963).

[585] Salzman, N. P.: Systematic fluctuations in the cellular protein, RNA and DNA during growth of mammalian cell cultures. Biochim. biophys. Acta **31**, 158—163 (1959).

[586] — The rate of formation of vaccinia deoxyribonucleic acid and vaccinia virus. Virology **10**, 150—152 (1960).

[587] — Deoxyribonucleic acid, virus, and protein synthesis in animal cell cultures. Nat. Cancer Inst. Monograph No. 7, 205—212 (1962).

[588] —, H. Eagle, and E. D. Sebring: The utilization of glutamine, glutamic acid, and ammonia for the biosynthesis of nucleic acid bases in mammalian cell cultures. J. biol. Chem. **230**, 1001—1012 (1958).

[589] —, and R. Z. Lockart: Alteration in ribonucleic acid metabolism resulting from poliomyelitis virus infection of HeLa cells. Biochim. biophys. Acta **32**, 572—573 (1959).

[590] — —, and E. D. Sebring: Alterations in HeLa cell metabolism resulting from polio-virus infection. Virology **9**, 244—259 (1959).

[591] —, and E. D. Sebring: Utilization of precursors for nucleic acid synthesis by human cell cultures. Arch. Biochem. Biophys. **84**, 143—150 (1959).

78 Literatur

[592] Salzman, N. P., and E. D. Sebring: The source of poliovirus ribonucleic acid. Virology 13, 258—260 (1961).
[593] —, A. J. Shatkin, and E. D. Sebring: Viral protein and DNA synthesis in vaccinia virus-infected HeLa cell cultures. Virology 19, 542—550 (1963).
[594] — — — The synthesis of a DNA-like RNA in the cytoplasm of HeLa cells infected with vaccinia virus. J. mol. Biol. 8, 405—416 (1964).
[595] Sanford, K. K.: Clonal studies on normal cells and on their neoplastic transformation in vitro. Cancer Res. 18, 747—752 (1958).
[596] —, A. B. Covalesky, L. T. Dupree, and W. R. Earle: Cloning of mammalian cells by a simplified capillary technique. Exp. Cell Res. 23, 361—372 (1961).
[597] —, L. T. Dupree, and A. B. Covalesky: Biotin, B_{12}, and other vitamin requirements of a strain of mammalian cells grown in chemically defined medium. Exp. Cell Res. 31, 345—375 (1963).
[598] —, T. B. Dunn, A. B. Covalesky, L. T. Dupree, and W. R. Earle: Polyoma virus and production of malignancy in vitro. J. nat. Cancer Inst. 26, 331—357 (1961).
[599] —, W. R. Earle, V. J. Evans, H. K. Waltz, and J. E. Shannon: The measurement of proliferation in tissue cultures by enumeration of cell nuclei. J. nat. Cancer Inst. 11, 773—795 (1951).
[600] — —, and G. D. Likely: The growth in vitro of single isolated tissue cells. J. nat. Cancer Inst. 9, 229—246 (1948).
[601] — —, E. Shelton, E. L. Shilling, E. Duchesne, G. D. Likely, and M. M. Becker: Production of malignancy in vitro. XII. Further transformations of mouse fibroblasts to sarcomatous cells. J. nat. Cancer Inst. 11, 351—375 (1950).
[602] —, G. L. Hobbs, and W. R. Earle: The tumor-producing capacity of strain L mouse cells after 10 years in vitro. Cancer Res. 16, 162—166 (1956).
[603] —, P. A. Leadbetter, J. C. Bryant, W. P. Braker, V. J. Evans, and W. R. Earle: The effects of amino acids as supplements to fractions of serum and embryo extract on the proliferation of cells in vitro. J. nat. Cancer Inst. 14, 513—518 (1953).
[604] —, G. D. Likely, W. R. Bryan, and W. R. Earle: The infection of cells in tissue culture with Rous sarcoma virus. J. nat. Cancer Inst. 12, 1317—1343 (1952).
[605] — —, and W. R. Earle: The development of variations in transplantability and morphology within a clone of mouse fibroblasts transformed to sarcoma-producing cells in vitro. J. nat. Cancer Inst. 15, 215—237 (1954).
[606] — —, V. J. Evans, C. J. Mackey, and W. R. Earle: The production of sarcomas from cultured tissues of hepatoma, melanoma, and thyroid tumors. J. nat. Cancer Inst. 12, 1057—1077 (1952).
[607] —, R. M. Mervin, G. L. Hobbs, J. M. Young, and W. R. Earle: Clonal analysis of variant cell lines transformed to malignant cells in tissue culture. J. nat. Cancer Inst. 23, 1035—1059 (1959).
[608] —, H. K. Waltz, J. E. Shannon, W. R. Earle, and V. J. Evans: The effects of ultrafiltrates and residues of horse serum and chick-embryo extract on proliferation of cells in vitro. J. nat. Cancer Inst. 13, 121—137 (1952).
[609] Sato, G., L. Zaroff, and S. E. Mills: Tissue culture populations and their relation to the tissue of origin. Proc. nat. Acad. Sci. 46, 963—972 (1960).
[610] Schaechter, M., M. W. Bentzon, and O. Maaloe: Synthesis of deoxyribonucleic acid during the division cycle of bacteria. Nature 183, 1207—1208 (1959).
[611] Schellenberg, H., und R. Domenjoz: Der Mastzellentumor P-815 in Suspension als Substrat zur Testung carcinostatischer Substanzen. Med. exp. 7, 137—143 (1962).
[612] Scherer, W. F.: Effects of freezing speed and glycerol diluent on 4—5 year survival of HeLa and L cells. Exp. Cell Res. 19, 175—176 (1960).
[613] —, and A. C. Hoogasian: Preservation at subzero temperatures of mouse fibroblasts (strain L) and human epithelial cells (strain HeLa). Proc. Soc. exp. Biol. Med. 87, 480—487 (1954).
[614] —, J. T. Syverton, and G. O. Gey: Studies on the propagation in vitro of poliomyelitis viruses. IV. Viral multiplication in a stable strain of human malignant epithelial cells (strain HeLa) derived from an epidermoid carcinoma of the cervix. J. exp. Med. 97, 695—710 (1953).

[*615*] SCHERRER, K., H. LATHAM, and J. E. DARNELL: Demonstration of an unstable RNA and of a precursor to ribosomal RNA in HeLa cells. Proc. nat. Acad. Sci. **49**, 240—248 (1963).

[*616*] SCHIMKE, R. T.: Repression of enzymes of arginine biosynthesis in mammalian tissue culture. Biochim. biophys. Acta **62**, 599—601 (1962).

[*617*] — Enzymes of arginine metabolism in mammalian cell culture. I. Repression of argininosuccinate synthetase and argininosuccinase. J. biol. Chem. **239**, 136—145 (1964).

[*618*] SCHINDLER, R.: The conversion of ^{14}C-labelled tryptophan to 5-hydroxytryptamine by neoplastic mast cells. Biochem. Pharmacol. **1**, 323—327 (1958).

[*619*] — Eine Apparatur zur Untersuchung von Krebszellkulturen unter „steady state"-Bedingungen. Helv. Physiol. Acta **18**, C 60—C 61 (1960).

[*620*] — Der zeitliche Ablauf der Desoxyribonukleinsäure-Synthese im Teilungszyklus von Krebszellen in Kultur. Helv. Physiol. Acta **18**, C 93—C 95 (1960).

[*621*] — Fortschritte und Ergebnisse der Zellkulturmethodik. Experientia **17**, 97—106 (1961).

[*622*] — Desacetylamino-colchicine: a derivative of colchicine with increased cytotoxic activity in mammalian cell cultures. Nature **196**, 73—74 (1962).

[*623*] — Biochemical studies of the division cycle of mammalian cells: evidence for the premitotic period. Biochem. Pharmacol. **12**, 533—538 (1963).

[*624*] — An analysis of cell function in serially propagated cell cultures as compared to studies of function in organ cultures (Symposium discussion). Nat. Cancer Inst. Monograph No. **11**, 92—94 (1963).

[*625*] — Quantitative colonial growth of mammalian cells in fibrin gels. Exp. Cell. Res. **34**, 595—598 (1964).

[*626*] — Structure-activity relationships in a series of colchicine analogs. J. Pharmacol. exp. Ther., in press.

[*627*] — Modification of the division cycle of mammalian cells in culture by specific metabolic deficiencies. Proc. 6th internat. Congress Biochem. (1964).

[*628*] — Synchronization of mammalian cell cultures by reversible inhibition of DNA synthesis. I. Studies on cultures under optimal growth conditions. (In preparation.)

[*629*] — Synchronization of mammalian cell cultures by reversible inhibition of DNA synthesis. II. Studies on cultures under growth-limiting conditions. (In preparation.)

[*630*] —, M. DAY, and G. A. FISCHER: Culture of neoplastic mast cells and their synthesis of 5-hydroxytryptamine and histamine in vitro. Cancer Res. **19**, 47—51 (1959).

[*631*] —, and A. D. WELCH: Ribosidation as a means of activating 6-azauracil as an inhibitor of cell reproduction. Science **125**, 548—549 (1957).

[*632*] — — Comparative utilization by sarcoma-180 cells in culture of ^{14}C-labelled uracil, 6-azauracil, and their ribosides. Biochem. Pharmacol. **1**, 132—136 (1958).

[*633*] SEED, J.: The synthesis of deoxyribonucleic acid and nuclear protein in normal and tumour strain cells. Proc. roy. Soc. B **156**, 41—56 (1962).

[*634*] — Studies of biochemistry and physiology of normal and tumour strain cells. Nature **198**, 147—153 (1963).

[*635*] SHANNON, J. E., and W. R. EARLE: Qualitative comparison of the growth of chick-heart and strain L fibroblasts planted as suspensions on pyrex glass and perforated cellophane substrates. J. nat. Cancer Inst. **12**, 155—177 (1951).

[*636*] — —, and H. K. WALTZ: Massive tissue cultures prepared from whole chick embryos planted as a cell suspension on glass substrate. J. nat. Cancer Inst. **13**, 349—363 (1952).

[*637*] SHATKIN, A. J.: Actinomycin D and vaccinia virus infection of HeLa cells. Nature **199**, 357—358 (1963).

[*638*] —, and N. P. SALZMAN: Deoxyribonucleic acid synthesis in vaccinia virus-infected HeLa cells. Virology **19**, 551—560 (1963).

[*639*] SHEIN, H. M., and J. F. ENDERS: Transformation induced by simian virus 40 in human renal cell cultures. I. Morphology and growth characteristics. Proc. nat. Acad. Sci. **48**, 1164—1172 (1962).

[640] SHEIN, H. M., J. F. ENDERS, J. D. LEVINTHAL, and A. E. BURKET: Transformation induced by simian virus 40 in newborn Syrian hamster renal cell cultures. Proc. nat. Acad. Sci. 49, 28—34 (1963).

[641] SHERMAN, F. G., H. QUASTLER, and D. R. WIMBER: Cell population kinetics in the ear epidermis of mice. Exp. Cell Res. 25, 114—119 (1961).

[642] SIMINOVITCH, L., A. F. GRAHAM, S. M. LESLEY, and A. NEVILL: Propagation of L strain mouse cells in suspension. Exp. Cell Res. 12, 299—308 (1957).

[643] SIMON, E. H.: Transfer of DNA from parent to progeny in a tissue culture line of human carcinoma of the cervix (strain HeLa). J. mol. Biol. 3, 101—109 (1961).

[644] — Evidence for the nonparticipation of DNA in viral RNA synthesis. Virology 13, 105—118 (1961).

[645] — Effects of 5-bromodeoxyuridine on cell division and DNA replication in HeLa cells. Exp. Cell Res., Suppl. 9, 263—269 (1963).

[646] SINCLAIR, W. K.: X-ray-induced heritable damage (small-colony formation) in cultured mammalian cells. Radiation Res. 21, 584—611 (1964).

[647] —, and R. A. MORTON: Variation in X-ray response during the division cycle of partially synchronized Chinese hamster cells in culture. Nature 199, 1158—1160 (1963).

[648] SISKEN, J. E.: Induction of partial synchrony in mammalian cells by subculturing procedures. Nature 197, 104—105 (1963).

[649] —, and R. KINOSITA: Variations in the mitotic cycle in vitro. Exp. Cell Res. 22, 521—525 (1961).

[650] — — Timing of DNA synthesis in the mitotic cycle in vitro. J. biophys. biochem. Cytol. 9, 509—518 (1961).

[651] SJOERDSMA, A., T. P. WAALKES, and H. WEISSBACH: Serotonin and histamine in mast cells. Science 125, 1202—1203 (1957).

[652] SJÖGREN, H. O., I. HELLSTRÖM, and G. KLEIN: Transplantation of polyoma virus-induced tumors in mice. Cancer Res. 21, 329—337 (1961).

[653] SLOBODA, A. E., and M. J. KOPAC: A cytological analysis of the S91 mouse melanoma in tissue culture. Ann. N. Y. Acad. Sci. 100, 305—331 (1963).

[654] SMITH, W. (Ed.): Mechanisms of virus infection. London and New York: Academic Press 1963.

[655] SOMER, P. DE, A. PRINZIE, P. DENYS, and E. SCHONNE: Mechanism of action of interferon. I. Relationship with viral ribonucleic acid. Virology 16, 63—70 (1962).

[656] SPARROW, A. H., and H. J. EVANS: Nuclear factors affecting radiosensitivity. I. The influence of nuclear size and structure, chromosome complement, and DNA content. Brookhaven Symp. Biol. 14: Fundamental aspects of radiosensitivity; p. 76—100 (1961).

[657] —, L. A. SCHAIRER, and R. C. SPARROW: Relationship between nuclear volumes, chromosome numbers, and relative radiosensitivities. Science 141, 163—166 (1963).

[658] SRINIVASAN, P. R., A. MILLER-FAURÈS, M. BRUNFAUT, and M. ERRERA: Kinetics of pulse-labeling of ribonucleic acid in HeLa cells. Biochim. biophys. Acta 72, 209—216 (1963).

[659] STÄHELIN, H.: A simple quantitative test for cytostatic agents using non-adhering cells in vitro. Med. exp. 7, 92—102 (1962).

[660] STANNERS, C. P.: Studies on the transformation of hamster embryo cells in culture by polyoma virus. II. Selective techniques for the detection of transformed cells. Virology 21, 464—476 (1963).

[661] —, and J. E. TILL: DNA synthesis in individual L-strain mouse cells. Biochim. biophys. Acta 37, 406—419 (1960).

[662] — —, and L. SIMINOVITCH: Studies on the transformation of hamster embryo cells in culture by polyoma virus. I. Properties of transformed and normal cells. Virology 21, 448—463 (1963).

[663] STEWART, S. E., B. E. EDDY, and N. BORGESE: Neoplasms in mice inoculated with a tumor agent carried in tissue culture. J. nat. Cancer Inst. 20, 1223—1243 (1958).

[664] STEWARD, F. C., M. O. MAPES, A. G. KENT, and R. D. HOLSTEN: Growth and development of cultured plant cells. Science 143, 20—27 (1964).

[665] STICH, H. F., T. C. HSU, and F. RAPP: Viruses and mammalian chromosomes. I. Localization of chromosome aberrations after infection with herpes simplex virus. Virology 22, 439—445 (1964).

[666] —, G. L. VAN HOOSIER, and J. J. TRENTIN: Viruses and mammalian chromosomes. II. Chromosome aberrations by human adenovirus type 12. Exp. Cell Res. 34, 400—403 (1964).

[667] STOKER, M.: Characteristics of normal and transformed clones arising from BHK21 cells exposed to polyoma virus. Virology 18, 649—651 (1962).

[668] —, and I. MACPHERSON: Studies on transformation of hamster cells by polyoma virus in vitro. Virology 14, 359—370 (1961).

[669] STOKER, M. G. P., and A. NEWTON: The effect of Herpes virus on HeLa cells dividing parasynchronously. Virology 7, 438—448 (1959).

[670] STUBBLEFIELD, E., and G. C. MUELLER: Molecular events in the reproduction of animal cells. II. The focalized synthesis of DNA in the chromosomes of HeLa cells. Cancer Res. 22, 1091—1099 (1962).

[671] STULBERG, C. S., W. F. SIMPSON, and L. BERMAN: Species-related antigens of mammalian cell strains as determined by immunofluorescence. Proc. Soc. exp. Biol. Med. 108, 434—439 (1961).

[672] —, D. H. SOULE, and L. BERMAN: Preservation of human epithelial-like and fibroblast-like cell strains at low temperatures. Proc. Soc. exp. Biol. Med. 98, 428—431 (1958).

[673] SUTTON, R. N. P., and D. A. J. TYRRELL: Some observations on interferon prepared in tissue cultures. Brit. J. exp. Path. 42, 99—105 (1961).

[674] SWAFFIELD, M. N., and G. E. FOLEY: Changes in the cellular content of ribonucleic acid, deoxyribonucleic acid and protein in cultured cells during logarithmic growth. Arch. Biochem. Biophys. 86, 219—224 (1960).

[675] SWIFT, H. H.: The deoxyribose nucleic acid content of animal nuclei. Physiol. Zool. 23, 169—198 (1950).

[676] SWIM, H. E., R. F. HAFF, and R. F. PARKER: Some practical aspects of storing mammalian cells in the dry-ice chest. Cancer Res. 18, 711—717 (1958).

[677] —, and R. F. PARKER: Vitamin requirements of uterine fibroblasts, strain U12-79; their replacement by related compounds. Arch. Biochem. Biophys. 78, 46—53 (1958).

[678] — — The role of carbon dioxide as an essential nutrient for six permanent strains of fibroblasts. J. biophys. biochem. Cytol. 4, 525—528 (1958).

[679] SZYBALSKI, W.: Genetics of human cell lines. II. Method for determination of mutation rates to drug resistance. Exp. Cell Res. 18, 588—591 (1960).

[680] — Properties and applications of halogenated deoxyribonucleic acids. In: The molecular basis of neoplasia; 15th annual Symposium on fundamental Cancer Research; p. 147—171. University of Texas Press (1962).

[681] —, and E. HUNTER SZYBALSKA: Drug sensitivity as a genetic marker for human cell lines. Univ. Mich. med. Bull. 28, 277—293 (1962).

[682] — —, and G. RAGNI: Genetic studies with human cell lines. Nat. Cancer Inst. Monograph No. 7, 75—88 (1962).

[683] —, and M. J. SMITH: Genetics of human cell lines. I. 8-Azaguanine resistance, a selective "single-step" marker. Proc. Soc. exp. Biol. Med. 101, 662—666 (1959).

[684] TAKANO, K., Y. HIROKAWA, M. ASANO, Y. AMENOMORI, and K. MICHI: Growth response to ⁶⁰Co γ-irradiation of human cell lines cultivated in vitro. II. Stable change in radioresistance of HeLa strain cells manifested through repeated irradiation. Jap. J. med. Sci. Biol. 15, 19—27 (1962).

[685] TAKAOKA, T., and H. KATSUTA: Acceleration of cell alteration by ethylenediaminetetraacetic acid (EDTA) in tissue culture. Jap. J. exp. Med. 32, 65—75 (1962).

[686] TAMAOKI, T., and G. C. MUELLER: Synthesis of nuclear and cytoplasmic RNA of HeLa cells and the effect of actinomycin D. Biochem. biophys. Res. Comm. 9, 451—454 (1962).

[687] TAMM, I., and H. J. EGGERS: Specific inhibition of replication of animal viruses. Science 142, 24—33 (1963).

[688] TAMM, I., M. M. NEMES, and S. OSTERHOUT: On the role of ribonucleic acid in animal virus synthesis. I. Studies with 5,6-dichloro-1-β-D-ribofuranosylbenzimidazole. J. exp. Med. 111, 339—349 (1960).

[689] TANKERSLEY, R. W.: Amino acid requirements of herpes simplex virus in human cells. J. Bacteriol. 87, 609—613 (1964).

[690] TAYLOR, E. W.: Relation of protein synthesis to the division cycle in mammalian cell cultures. J. Cell Biol. 19, 1—18 (1963).

[691] TAYLOR, J. H.: Nucleid acid synthesis in relation to the cell division cycle. Ann. N. Y. Acad. Sci. 90, 409—421 (1960).

[692] — Asynchronous duplication of chromosomes in cultured cells of Chinese hamster. J. biophys. biochem. Cytol. 7, 455—464 (1960).

[693] TEMIN, H. M.: The control of cellular morphology in embryonic cells infected with Rous sarcoma virus in vitro. Virology 10, 182—197 (1960).

[694] — Separation of morphological conversion and virus production in Rous sarcoma virus infection. Cold Spring Harbor Symp. quant. Biol. 27, 407—414 (1962).

[695] —, and H. RUBIN: Characteristics of an assay for Rous sarcoma virus and Rous sarcoma cells in tissue culture. Virology 6, 669—688 (1958).

[696] — — A kinetic study of infection of chick embryo cells in vitro by Rous sarcoma virus. Virology 8, 209—222 (1959).

[697] TERASIMA, T., and L. J. TOLMACH: Changes in X-ray sensitivity of HeLa cells during the division cycle. Nature 190, 1210—1211 (1961).

[698] — — Variations in several responses of HeLa cells to X-irradiation during the division cycle. Biophys. J. 3, 11—33 (1963).

[699] — — Growth and nucleic acid synthesis in synchronously dividing populations of HeLa cells. Exp. Cell Res. 30, 344—362 (1963).

[700] — — X-ray sensitivity and DNA synthesis in synchronous populations of HeLa cells. Science 140, 490—492 (1963).

[701] THOMPSON, K. W., M. M. VINCENT, F. C. JENSEN, R. T. PRICE, and E. SHAPIRO: Production of hormones by human anterior pituitary cells in serial culture. Proc. Soc. exp. Biol. Med. 102, 403—408 (1959).

[702] THOMSON, R. Y., J. PAUL, and J. N. DAVIDSON: Metabolic stability of DNA in fibroblast cultures. Biochim. biophys. Acta 22, 581—583 (1956).

[703] — — — The metabolic stability of the nucleic acids in cultures of a pure strain of mammalian cells. Biochem. J. 69, 553—561 (1958).

[704] TILL, J. E.: Radiation effects on the division cycle of mammalian cells in vitro. Ann. N. Y. Acad. Sci. 95, 911—919 (1961).

[705] —, G. F. WHITMORE, and S. GULYAS: Deoxyribonucleic acid synthesis in individual L-strain mouse cells. II. Effects of thymidine starvation. Biochim. biophys. Acta 72, 277—289 (1963).

[706] TJIO, J. H., and T. T. PUCK: Genetics of somatic mammalian cells. II. Chromosomal constitution of cells in tissue culture. J. exp. Med. 108, 259—268 (1958).

[707] TODARO, G. J., and H. GREEN: Quantitative studies of the growth of mouse embryo cells in culture and their development into established lines. J. Cell Biol. 17, 299—313 (1963).

[708] — —, and B. D. GOLDBERG: Transformation of properties of an established cell line by SV 40 and polyoma virus. Proc. nat. Acad. Sci. 51, 66—73 (1964).

[709] —, K. NILAUSEN, and H. GREEN: Growth properties of polyoma virus-induced hamster tumor cells. Cancer Res. 23, 825—832 (1963).

[710] —, S. R. WOLMAN, and H. GREEN: Rapid transformation of human fibroblasts with low growth potential into established cell lines by SV_{40}. J. cell. comp. Physiol. 62, 257—265 (1963).

[711] TOLMACH, L. J.: Attachment and penetration of cells by viruses. Adv. Virus Res. 4, 63—110 (1957).

[712] — Growth patterns in X-irradiated HeLa cells. Ann. N. Y. Acad. Sci. 95, 743—757 (1961).

[713] —, and P. I. MARCUS: Development of X-ray induced giant HeLa cells. Exp. Cell Res. 20, 350—360 (1960).

[714] Tomizawa, S., and L. Aronow: Studies on drug resistance in mammalian cells. II. 6-Mercaptopurine resistance in mouse fibroblasts. J. Pharmacol. exp. Ther. 128, 107—114 (1960).

[715] Toplin, I.: Experiences with the tissue culture system in large-scale cancer chemotherapy screening. Cancer Res. 21, 1042—1046 (1961).

[716] Vaughan, J. H., A. H. Dutton, R. W. Dutton, M. George, and R. Q. Marston: A study of antibody production in vitro. J. Immunol. 84, 258—267 (1960).

[717] Vigier, P., et A. Goldé: Action de l'actinomycine D et de la mitomycine C sur le développement du virus de Rous. Compt. rend. Acad. Sci. 258, 389—392 (1964).

[718] Vogt, M.: A genetic change in a tissue culture line of neoplastic cells. J. cell. comp. Physiol. 52, Suppl. 271—285 (1958).

[719] —, and R. Dulbecco: Properties of a HeLa cell culture with increased resistance to poliomyelitis virus. Virology 5, 425—434 (1958).

[720] — — Virus-cell interaction with a tumor-producing virus. Proc. nat. Acad. Sci. 46, 365—370 (1960).

[721] — — Properties of cells transformed by polyoma virus. Cold Spring Harbor Symp. quant. Biol. 27, 367—374 (1962).

[722] — — Studies on cells rendered neoplastic by polyoma virus: the problem of the presence of virus-related materials. Virology 16, 41—51 (1962).

[723] — — Steps in the neoplastic transformation of hamster embryo cells by polyoma virus. Proc. nat. Acad. Sci. 49, 171—179 (1963).

[724] Vogt, P. K.: The cell surface in tumor virus infection. Cancer Res. 23, 1519 (1963).

[725] —, and H. Rubin: The cytology of Rous sarcoma virus infection. Cold Spring Harbor Symp. quant. Biol. 27, 395—405 (1962).

[726] Wagner, R. R.: Biological studies of interferon. I. Suppression of cellular infection with eastern equine encephalitis virus. Virology 13, 323—337 (1961).

[727] — The interferons: cellular inhibitors of viral infection. Ann. Rev. Microbiol. 17, 285—296 (1963).

[728] Walker, I. G., and C. W. Helleiner: The sensitivity of cultured mammalian cells in different stages of the division cycle to nitrogen and sulfur mustards. Cancer Res. 23, 734—738 (1963).

[729] Walker, P. M. B., and H. B. Yates: Nuclear components of dividing cells. Proc. roy. Soc. B 140, 274—299 (1952).

[730] Warburg, O.: On the origin of cancer cells. Science 123, 309—314 (1956).

[731] Warner, J., M. J. Madden, and J. E. Darnell: The interaction of poliovirus RNA with Escherichia coli ribosomes. Virology 19, 393—399 (1963).

[732] Waymouth, C.: A serum-free nutrient solution sustaining rapid and continuous proliferation of strain L (Earle) mouse cells. J. nat. Cancer Inst. 17, 315—327 (1956).

[733] — Rapid proliferation of sublines of NCTC clone 929 (strain L) mouse cells in a simple chemically defined medium (MB 752/1). J. nat. Cancer Inst. 22, 1003, (1959).

[734] Wecker, E., und W. Schäfer: Eine infektiöse Komponente von Ribonucleinsäure-Charakter aus dem Virus der amerikanischen Pferde-Encephalomyelitis (Typ Ost). Z. Naturforsch. 12 b, 415—417 (1957).

[735] Weil, R.: A quantitative assay for a subviral infective agent related to polyoma virus. Virology 14, 46—53 (1961).

[736] Weiler, E.: A cellular change in hamster kidney cultures: loss of tissue-specific antigens. Exp. Cell Res., Suppl. 7, 244—262 (1959).

[737] Welch, A. D.: The problem of drug resistance in cancer chemotherapy. Cancer Res. 19, 359—371 (1959).

[738] Werkheiser, W. C.: Selective permeability and the response of tissues and tumors to the 4-amino-folic acid antagonists. Proc. Amer. Ass. Cancer Res. 3, 371 (1962).

[739] — The biochemical, cellular, and pharmacological action and effects of the folic acid antagonists. Cancer Res. 23, 1277—1285 (1963).

[740] Westfall, B. B., V. J. Evans, J. E. Shannon, and W. R. Earle: The glycogen content of cell suspensions prepared from massive tissue culture: comparison of cells derived from mouse connective tissue and mouse liver. J. nat. Cancer Inst. 14, 655—664 (1953).

[741] Westwood, J. C. N., I. A. Macpherson, and D. H. J. Titmuss: Transformation of normal cells in tissue culture: its significance relative to malignancy and virus vaccine production. Brit. J. exp. Path. 38, 138—154 (1957).

[742] Wheelock, E. F., and I. Tamm: Mitosis and division in HeLa cells infected with influenza or Newcastle disease virus. Virology 8, 532—536 (1959).

[743] White, P. R.: Cultivation of animal and plant cells. New York: Ronald Press 1963.

[744] Whitfield, J. F., and R. H. Rixon: Effects of X-radiation on multiplication and nucleic acid synthesis in cultures of L-strain mouse cells. Exp. Cell Res. 18, 126—137 (1959).

[745] — — Radiation resistant derivatives of L-strain mouse cells. Exp. Cell Res. 19, 531—538 (1960).

[746] — —, and T. Youdale: Effects of ultraviolet light on multiplication and deoxyribonucleic acid synthesis in cultures of L-strain mouse cells. Exp. Cell Res. 22, 450—454 (1961).

[747] Whitmore, G. F., C. P. Stanners, J. E. Till, and S. Gulyas: Nucleic acid synthesis and the division cycle in X-irradiated L-strain mouse cells. Biochim. biophys. Acta 47, 66—77 (1961).

[748] —, J. E. Till, R. B. L. Gwatkin, L. Siminovitch, and A. F. Graham: Increase in cellular constituents in X-irradiated mammalian cells. Biochim. biophys. Acta 30, 583—590 (1958).

[749] Whittaker, J. R.: Changes in melanogenesis during the dedifferentiation of chick retinal pigment cells in cell culture. Developmental Biol. 8, 99—127 (1963).

[750] Wickson-Ginzburg, M., and A. K. Solomon: Electrolyte metabolism in HeLa cells. J. gen. Physiol. 46, 1303—1315 (1963).

[751] Wolf, K., M. C. Quimby, E. A. Pyle, and R. P. Dexter: Preparation of monolayer cell cultures from tissues of some lower vertebrates. Science 132, 1890—1891 (1960).

[752] Wolman, S. R., K. Hirschhorn, and G. J. Todaro: Early chromosomal changes in SV_{40}-infected human fibroblast cultures. Cytogenetics 3, 45—61 (1964).

[753] Wolstenholme, G. E. W., and M. O'Connor (Ed.): Tumour viruses of murine origin. Ciba Foundation Symp., Churchill, London (1962).

[754] Woods, M. W., K. K. Sanford, D. Burk, and W. R. Earle: Glycolytic properties of high and low sarcoma-producing lines and clones of mouse tissue-culture cells. J. nat. Cancer Inst. 23, 1079—1088 (1960).

[755] Xeros, N.: Deoxyriboside control and synchronization of mitosis. Nature 194, 682—683 (1962).

[756] Yamada, M., and T. T. Puck: Action of radiation on mammalian cells. IV. Reversible mitotic lag in the S3 HeLa cell produced by low doses of X-rays. Proc. nat. Acad. Sci. 47, 1181—1191 (1961).

[757] Yamane, I., and Y. Matsuya: Culture of single mammalian cells. Nature 199, 296 (1963).

[758] Yerganian, G., and M. J. Leonard: Maintenance of normal in situ chromosomal features in long-term tissue cultures. Science 133, 1600—1601 (1961).

[759] Young, I. E., and P. C. Fitz-James: Pattern of synthesis of deoxyribonucleic acid in Bacillus cereus growing synchronously out oft spores. Nature 183, 372—373 (1959).

[760] Youngner, J. S.: Monolayer tissue cultures. I. Preparation and standardization of suspensions of trypsin-dispersed monkey kidney cells. Proc. Soc. exp. Biol. Med. 85, 202—205 (1954).

[761] Zaroff, L., G. Sato, and S. E. Mills: Single-cell platings from freshly isolated mammalian tissue. Exp. Cell Res. 23, 565—575 (1961).

[762] Zeuthen, E.: Artificial and induced periodicity in living cells. Adv. biol. med. Phys. 6, 37—73 (1958).

[763] Zimmerman, E. F., M. Heeter, and J. E. Darnell: RNA synthesis in poliovirus-infected cells. Virology 19, 400—408 (1963).

[764] Zwartouw, H. T., and J. C. N. Westwood: Factors affecting growth and glycolysis in tissue culture. Brit. J. exp. Path. 39, 529—539 (1958).

Sachverzeichnis